纺织新技术书库

经编产品数字化设计与开发

邓中民　柯　薇　蔡光明/著

中国纺织出版社有限公司

内 容 提 要

本书首先介绍了经编产品的成型加工原理；其次，着重介绍了经编产品数字化设计与开发，具体产品包括经编窗帘、运动鞋面、双针床提花连裤袜、RSJ5/1贾卡经编织物、经编间隔织物、新型三针和四针技术织物。

本书可作为高等院校针织专业“经编产品设计”“针织产品开发”等课程的教学用书，也可供经编领域的工程技术人员、科研人员阅读。

图书在版编目（CIP）数据

经编产品数字化设计与开发 / 邓中民，柯薇，蔡光明著. --北京：中国纺织出版社有限公司，2022.5
（纺织新技术书库）
ISBN 978-7-5180-9270-3

Ⅰ. ①经… Ⅱ. ①邓… ②柯… ③蔡… Ⅲ. ①数字技术—应用—经编针织物—产品设计②数字技术—应用—经编针织物—产品开发 Ⅳ. ①TS186.1-39

中国版本图书馆CIP数据核字（2021）第280860号

责任编辑：孔会云　沈　靖　　责任校对：王花妮
责任印制：何　建

中国纺织出版社有限公司出版发行
地址：北京市朝阳区百子湾东里A407号楼　邮政编码：100124
销售电话：010—67004422　传真：010—87155801
http://www.c-textilep.com
中国纺织出版社天猫旗舰店
官方微博 http://weibo.com/2119887771
天津千鹤文化传播有限公司印刷　各地新华书店经销
2022年5月第1版第1次印刷
开本：710×1000　1/16　印张：7.75
字数：206千字　定价：88.00元

前　言

近年来，我国针织经编行业发展迅速，从早期引进德国卡尔迈耶公司的设备到如今国产经编设备的不断创新与发展，我国经编设备企业的制造能力和水平获得了大幅度提升。如今，国产经编机的编织速度、机电一体化程度、制造精度、稳定性等显著提高。经编设备的不断更新换代也拓宽了经编产品的开发和应用领域，如新型原料的使用，新工艺、新结构的产品层出不穷，提升了经编设备的使用价值；同时，为了更好地深入融合“互联网+”，经编产品的开发也由过去的手工制板发展为利用计算机等现代化信息工具进行产品设计与开发，基于此，本书的编写团队总结了近十年来基于经编产品数字化设计的理论研究与产业化应用成果，进一步深化内涵形成体系，编写了《经编产品数字化设计与开发》一书，旨在使读者清晰地了解基于新型经编设备的各类产品数字化设计原理与产品开发过程。

本书以多年从事针织产品工艺理论研究与系统开发所积淀的科研成果为依托，汇集国内外该领域应用研究的经典案例，具备较强的理论和实用创新性，重点介绍经编新产品、新工艺和新的应用领域等。本书首先阐述了经编产品的成型加工原理，进而介绍经编产品的数字化开发及应用，具体介绍了经编服饰用产品，如无缝成型内衣、双针床提花连裤袜、运动鞋面等；经编装饰用产品，如窗帘、多梳贾卡花边、新型三针四针花边、浮纹贾卡花边等；经编产业用产品，如经编间隔类产品、双针床绒类产品等的生产工艺及数字化设计过程。

本书对了解行业内经编发展趋势、指导经编新产品开发及生产有一定的作用，重在使读者学会针织经编产品的理论及应用与操作实践，能掌握针织产品开发所涉及的基础知识和方法技能。通过学习，使读者对针织物组织的形式及变化有明确了解，对花色组织形成原理和设计方法能够系统掌握和运用，对经编机的工作原理及结构特征有深入了解，以便快速适应针织企业及研究机构的计算机产品设计需求。

本书可作为高等院校针织专业“经编产品设计”“针织产品开发”等课程的教学用书，用来拓展专业知识，也可供从事经编工作的工程技术人员、科研工作者阅读，受众多，服务面广。

本书在编写过程中，得到了江苏润源集团有限公司、江苏五洋纺织机械有限公司、福建欣美花边设计、福建信泰集团、江苏明朗星公司等企业的大力支持。具体编撰工作由邓中民、柯薇、蔡光明完成，全书由柯薇统稿。

限于作者水平有限，书中难免存在不妥和错误之处，敬请读者批评指正。

作者

2021 年 12 月

目　录

第1章　经编针织概述

经编是针织工业的一个重要组成部分，由于经编织物具有独特的性能以及生产效率高而得到快速发展。经编新技术、新工艺、新原料、新产品不断出现。近十年来，我国经编工业发展非常迅速。

近年来，经编行业无论在机器高速化、控制电子化、功能多样化、操作便利化、设计计算机化和管理网络化等方面都有飞速的发展，现代经编机已完全成为一种现代化的设备。机器速度达到3600r/min，梳栉达到95把，起花的可能性大幅提高，进一步扩大了产品的应用范围。

随着生活水平的逐步提高，人们不再仅限于吃穿的追求，越来越多地注重生活环境的提高。家居装修成了人们关注的话题，经编织物因其精致的花纹、巧妙的图案而备受欢迎，这也促使对经编产品花色品种及质量的要求越来越高。对生产单位来说，原始人工设计工作量大，速度慢，并且随着经编梳栉数越来越多，这些问题变得更加突出，且设计出的产品实际效果不具有即时可见性，在市场竞争日益激烈的今天，已经不能适应生产发展的需要。因此，寻求一种切实可行、快速简单的产品开发模式已经迫在眉睫。为了解决这一问题，目前，在经编行业中，纷纷推出针对各种机型的CAD（computer aided design，计算机辅助设计）软件。设计人员首先画出花纹小样，通过扫描仪把花纹图案转移到计算机中，再通过CAD系统进行梳栉分配及原料选择，自动确定各把梳栉的垫纱运动，从而可以确定各把梳栉的花型数据。利用CAD系统不仅可以进行花纹设计，而且能够进行织物效应仿真。最终还可以记录各项数据，并把这些数据保存到软盘上，直接用于对经编机的控制。

1.1　经编针织CAD系统

1.1.1　经编针织物CAD系统的发展

CAD是一种全新的生产模式，它是利用计算机的计算及判断功能进行各种工程或产品的设计、制造。工程技术人员可以借助于显示屏幕、键盘绘图仪和人机接口等方式与计算机通信。确切地说，CAD 是工程技术人员和计算机协同工作，彼此发挥各自长处的专门技术。经编行业走上 CAD 之路完全是一种历史的必然。

1.1.1.1 国外 CAD 系统发展情况

在国外开发的经编针织物 CAD 系统中，较成功且用户较多的是由德国 EAT 纺织电气公司和 ALC 计算机公司联合开发的 PROCAD 系统，该系统由 PROCAD developer、PROCAD velours、PROCAD simujac、PROCAD simulace、PROCAD littejac、PROCAD manager 等几个子系统组成，可以完成对多梳—贾卡经编针织物、毛绒针织物、贾卡针织物的花型设计，可以对多梳—贾卡花边、贾卡花型进行仿真，并可以使用 PROCAD manager 接口系统来完成计算机与机器之间的数据转移。该系统设计合理，使用高效，能够提高花型设计人员的工作效率。目前，PROCAD 系统在我国广东和福建的大型花边生产企业中使用较多，全国约 20 套。

另外，西班牙开发研制出一套关于花边设计的软件 LACE DRAFTING SOFTWARE SAPO 3.1，该系统花型设计功能齐全，仿真效果尤为逼真，近来受到越来越多用户的喜爱。

1.1.1.2 我国 CAD 系统发展情况

我国在经编针织物 CAD 系统的开发上也取得了不少进展，从早期的 DOS 操作系统到现在的 Windows 操作系统，都有不同版本的适用于单一机型或单一织物的经编针织物 CAD 系统。国内使用较早的是武汉纺织大学开发的 HZCAD1.0 系统。该系统采用了将纺织工艺设计、上机智能化纠错和产品检验三位一体的集成技术，研究并开发了适用于纺织经编厂的智能打板系统，较好地解决了与国外同类产品数据互换的问题，可直接控制国内外经编设备的上机生产；建立了纱线仿真，结合经编组织、原料、光照等因素的线圈组织仿真，以及增加纱线光泽、线圈受力变形等参数的经编三维效果仿真的数学模型；在根据来样设计产品梳栉轨迹等方面有独特之处；该系统还在自动分析梳节集聚和碰针检验设计方面有所突破。大幅提高了经编针织物的设计效率，缩短了产品的开发周期，提高了设计质量，从而提高了产品在市场中的竞争能力。

1.1.2 经编针织物 CAD 系统的分类与功能

1.1.2.1 普通经编针织物 CAD 系统

普通经编针织物一般是指在普通高速经编机和普通拉舍尔经编机上生产的经编针织物，由于其使用的梳栉数目较少，织物结构相对比较简单，一般使用垫纱运动与穿经循环表描述这类经编针织物的结构。普通经编针织物 CAD 系统主要用于对普通平纹、网眼、毛圈、全幅衬纬、氨纶经编织物的设计。它以实现普通经编针织物的组织结构设计为主，同时提供完善的经编工艺计算功能，如估算送经量、计算产品克重等。

垫纱运动代表纱线的运动轨迹，对于经编针织物，垫纱数码是表示经编组织最常用的一种方法。以数字号码 0，1，2，3…顺序标注针间间隙（多梳拉舍尔机器则以数字号码 0，2，4，6…顺序标注针间间隙)，对于导纱针梳栉横移机构在左面的机器，数码应从左向右进行标注；对于导纱针梳栉横移机构在右面的机器，数码则应从右向左进行标注。然后顺序记下各横列导纱针在针前的移动情况，这就表示了经编组织。

例如，三针经缎组织的垫纱数码为：1-0/1-2/2-3/2-1//，即第一横列作 1 针距的针前横移和 1 针距的针背横移，第二横列作 1 针距的针前横移和 0 针距的针背横移，依次类推。根据垫纱数码画出其垫纱图，如图 1-1 所示。

图 1-1 垫纱图

1.1.2.2 贾卡经编针织物 CAD 系统

贾卡经编针织物 CAD 系统主要用于贾卡提花织物的设计。它在功能上也以花型设计为主，系统能够将扫描进来的原始花型图转化为花型意匠图，而且具有丰富的花型编辑功能，可以对设计完成的花型仿真。设计完成之后，能生成花型数据，直接控制贾卡产品上机。

贾卡经编针织物的效应由地组织和贾卡组织迭加而成。提花效应主要由贾卡组织形成，靠贾卡梳得以实现。贾卡梳的垫纱运动由基本垫纱运动加上偏移形成。意匠图中不同颜色代表不同的贾卡偏移组织，即不同的贾卡效应。使用不同机型和不同贾卡技术时，要用不同的贾卡偏移组织覆盖。

对贾卡织物进行设计时，首先处理出贾卡原始花型图，然后在贾卡经编针织物 CAD 系统中调入经过处理的该花型图，并把花型图上的各种颜色定义为 CAD 系统所认同的颜色，就可以把当前的原始花型转成贾卡原始意匠图，把这三种变化组织填充到原始意匠图的三种颜色区域，即可得到贾卡花型意匠图。

生成贾卡花型意匠图之后，对意匠图上的各个颜色进行定义，即对红色、绿色、白色等颜色指定其基本组织，实际上就是确定每个横列的控制信息。例如，红色控制信息为 HT，绿色控制信息为 HH，白色控制信息为 TH。定义完所有的颜色后，就可以把花型意匠图转化成可以控制机器编织的花型数据。

1.1.2.3 多梳经编针织物 CAD 系统

多梳经编针织物由于梳栉数目众多，其花型设计是一项非常复杂的工作，传统的手工设计过程中读数码、排穿经循环是非常耗时耗力的，因此，手工设计花型工作量大且效率不高。多梳经编针织物 CAD 系统由于能够快速地进行花型设计，准确地得到垫纱数码和穿经规律，因此能够大幅提高设计效率。与普通经编针织物 CAD 系统相比，多梳经编针织物 CAD 系统更重视花型设计，追求使用方便快捷的方法绘制花型图。花型设计人员进行设计时，只需描绘每把梳栉的花型轮廓线，即可自动产生花型的垫纱数码和穿经循环。设计时还可以检查撞针、累计横移等情况，确保花型能够正常生产。多梳经编针织物 CAD 系统主要用于条形花边、服装面料、窗帘的设计。它在功能上以花型设计为主，系统不但能够提供丰富的花型设计工具，而且具有仿真功能。设计完成后能够生成花型数据，直接控制花边产品上机。

多梳经编织物花型主要通过局部衬纬形成。衬纬纱被地组织的圈干和延展线夹持而不成圈。衬纬方式的垫纱数码为 0-0/6-6/2-2/10-10…即用衬纬纱线所在的针间位置表示垫纱运动。由于这两个数字是相同的，因此对于多梳经编织物，可以用一个数字表示某把花梳在某一横列的垫纱运动，即可用一个两维的数组表示多梳织物的垫纱运动。

在带有贾卡花色底布的多梳织物设计中，为了得到贾卡花型意匠图，首先必须对扫描样布进行图像处理，由此得到贾卡原始花型图。一般情况下，绿色表示基本贾卡效应，红色表示厚贾卡效应，白色表示薄或网孔贾卡效应。其他各种变化效应可用其他颜色填充。然后对各种颜色定义相应的贾卡变化组织。贾卡变化组织要根据样布的实际结构进行分析后确定。

1.2　多梳经编机

在拉舍尔经编机上，配置的梳栉数在18把以上的一般称为多梳拉舍尔经编机，简称多梳经编机，它是经编机中起花能力最强的一类机器。主要用于生产网眼类提花织物，如网眼窗帘、网眼台布、弹性和非弹性的网眼服装以及花边织物。

1.2.1　多梳经编机的特点

多梳经编机的发展起始于1955年，当时第一台8梳经编机被用于生产网眼花边，但由于生产速度、花纹范围及对纱线原料的适应性的限制，并没有商业化生产。主要原因是梳栉数增多，梳栉摆动动程增大，机器运转速度降低。近年来，经编行业的不断发展促使经编机不断改进，现代经编机已完全成为一种现代化的设备，多梳经编机的发展主要体现为：①采用“集聚”原理；②成圈运动配合的改变；③增加了压纱板装置；④多梳与贾卡经编技术的复合；⑤电子技术的应用。

1.2.2　多梳经编机的种类与产品

现代多梳经编机无论是机器结构、使用原料、起花原理、花型设计都发生了很大变化。目前已成为生产花边、女士内衣和外衣的主要机种。多梳经编机主要生产两类织物，即弹性或非弹性的满花织物和条形花边。满花织物主要用于女士内衣、文胸面料、紧身衣、女士外衣以及窗帘、台布等装饰；条形花边作为服装辅料使用。多梳经编机按其结构特征、用途和附加装置可分为以下几类。

1.2.2.1　衬纬型多梳经编机

这一类机器一般用前面2~3把梳栉形成网眼底布，后面的衬纬花梳一般采用2把、4把和6把集聚成一条横移线。花纹主要靠作衬纬的花梳形成，因此花纹效应比较平坦。该类机器主要生产条形花边、满花网眼织物和网眼窗帘等。

1.2.2.2　成圈型多梳经编机

花梳放在地梳的前面，并作成圈编织，利用长延展线形成具有立体效应的织物。所有梳栉都采用 SU 电子梳栉横移机构控制，另外该机的机号 E 可达 28。由于该机花梳作成圈运动，花梳纱线的使用就受到一定的限制，没有带压纱板的多梳机器那么广泛。

1.2.2.3　压纱型多梳经编机

这类机器有机械控制的 MRGSF 31/16 EH 和电子控制的 MRGSF 31/16 SU 两种。花梳分成两种，一种放在压纱板前面，可以形成立体效应；另一种放在地梳后面，作衬纬运动，主要形成平坦的花纹，来衬托主体花型。

1.2.2.4　康脱莱特多梳经编机（Contourette）

在多梳经编机上再加上贾卡系统，利用贾卡来形成花式底布，生产具有轮廓花纹的窗帘，这一类机器被称为康脱莱特多梳经编机，主要有采用电磁式贾卡控制的 MRJC 22/1 和采用匹艾州（Piezo）贾卡控制的 MRPJ 24/1 两种。

1.2.2.5　贾卡簇尼克多梳经编机（Jacquardtronic）

在多梳经编机上再加上贾卡系统，用于生产花边，称为贾卡簇尼克多梳经编机，其中采用电磁式贾卡控制的有 MRESJ43/1 和 MRESSJ78/1，采用匹艾州（Piezo）贾卡控制的有 MRPJ25/1、MRPJ43/1 和 MRPJ73/1 三种。这一类机器可以生产弹性或非弹性的花边织物。

1.2.2.6　特克斯簇尼克多梳经编机（Textronic）

该机是一种带有贾卡和压纱板的多梳经编机，属于高档的花边生产机器，专门用来生产很细的、高质量的花边织物，很像传统的列韦斯花边。主要有 MRPJF59/1/24 及其变化机型 MRPJF54/1/24。

1.3　贾卡经编机

贾卡是经编生产中一种重要的提花方法，利用贾卡导纱针的偏移来形成花纹，广泛用于单针床经编机以及双针床经编机上，用来生产网眼类装饰织物。贾卡提花经编针织物的特点是易于生产宽及全幅的整体花型，网眼、薄、厚组织按花纹需要配置，具有一定层次，可制成透明、半透明的织物，产品主要用于室内装饰（如窗帘等）和装饰性女士内衣面料及其花边辅料等。

1.3.1　贾卡经编机的特点

近年来，贾卡经编机发展迅速，从机械式贾卡装置发展到电磁式控制的贾卡装置，再从电磁式发展到现在的压电式，即 Piezo 贾卡系统。Piezo 贾卡系统的成功开发，使得机器的速度提高 50%，可达 1300r/min，而且贾卡提花原理得到进一步发展。

根据贾卡提花原理的不同，贾卡经编机可以分为以下几类。

①成圈型贾卡经编机。其产品在女士内衣、泳衣和海滩服中有着广泛的应用。

②衬纬型贾卡拉舍尔经编机。其产品一般用作花式底布。

③压纱型贾卡拉舍尔经编机。其花纹具有立体效应，主要用于窗帘和台布的生产。

④浮纹型贾卡拉舍尔经编机。其应用已从过去单一的网眼窗帘、台布等，渗透到花边领域，另外还用于女士内衣、紧身衣和外衣面料的生产。

⑤贾卡拉舍尔经编机。主要生产网眼类提花织物，具体应用如下。

室内装饰面料：具有立体效应的网眼窗帘、台布、沙发靠背和扶手。

装饰性服装面料：女士内衣、泳衣、紧身衣、运动衣、外衣、围巾和披肩等。

装饰性服装辅料：条形花边。

例如，采用 RJWBS/2 型 Textronic 贾卡经编机生产的花边，可以是弹性的也可以是非弹性的，可以带花环也可以不带花环，花纹精致，具有立体效应，并且底布结构清晰，克重轻，成本低。这种产品在高档女士内衣中应用广泛。

1.3.2　贾卡提花原理

贾卡提花原理是根据贾卡经编机的配置，通过系统的选针技术控制每根导纱针的每一次垫纱运动，并根据花型决定贾卡导纱针的偏移与否，从而实现贾卡提花。在贾卡经编机中，地梳用以形成底组织，而用贾卡梳产生覆盖这些底组织的花纹图案。另外，导纱针安装在相同的梳栉上，但能侧向偏移，为此应使导纱针既长又富有弹性。为了不与相邻的导纱针相互干扰，每一导纱针仅能偏移一个针距，因此这种导纱针的垫纱运动针距数是有一定限度的。

在传统的贾卡工艺中，贾卡梳仅在针背横移时偏移，每个提花单元（两个横列）使用两个控制信号来控制贾卡梳的偏移，即贾卡系统中每个横列使用一个控制信息。贾卡花型只控制针前垫纱的偏移或针背垫纱的偏移，并保持到下一个编织横列。也就是说，意匠图上一个颜色点需四个控制信息。

而新型贾卡工艺是每两横列为一个提花单元，由四个控制信号来控制贾卡梳的偏移，也就是说意匠图上一个颜色点需四个控制信息。但与传统贾卡工艺不同的是，这四个信息分别控制奇数横列针背和针前垫纱的偏移及偶数横列针背和针前垫纱的偏移，即 Piezo 贾卡系统中每个横列有两个控制信息。第一个信息控制针背垫纱的偏移，第二个信息决定针前垫纱的偏移。

1.3.2.1 衬纬型贾卡经编织物提花原理

该类织物中的贾卡纱作局部衬纬运动，其织物加工的机型为 RSJ4/1 型贾卡经编机。此外，多种贾卡经编机的后梳贾卡纱也都同样是利用这种贾卡提花原理而形成织物的花式底布。这种织物主要应用于装饰布、花边及无缝内衣面料等领域。

衬纬型贾卡经编织物提花原理主要是运用二针贾卡选针技术进行衬纬型提花，其提花原理如图 1-2 所示。在 CAD 花纹设计时，其设计方法与成圈型贾卡经编织物的设计方法类似。

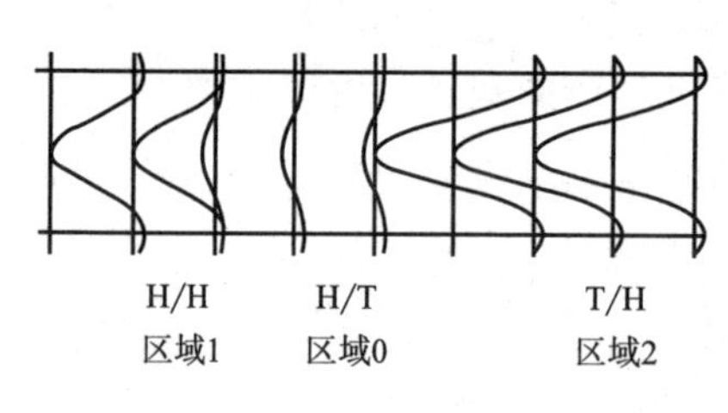

图 1-2 衬纬贾卡经编提花

贾卡经编机用地梳形成地组织，而用贾卡梳产生覆盖这些地组织的花纹图案。以跨越两根织针的基本的衬纬运动贾卡梳为例，每根导纱针就能完成下列三个垫纱运动中的一种，如图 1-2 所示。

①纱针循着地组织的编链衬纬，从而构成了网孔区域 0。

②纱针作相邻两织针之间的衬纬，网眼孔眼为两根延展线所覆盖，此区域内的织物，看上去是较密实的区域 1。

③纱针作跨越两个针隙的衬纬，从而每个孔眼覆盖四根延展线，形成密实的区域 2。

依靠控制各根导纱针横移的针距数不同，利用这 3 种织物效应，就能在织物上形成花纹。

带有贾卡装置的拉舍尔经编机称为贾卡拉舍尔经编机。一般配置 3~8 把梳栉，其中贾卡梳栉使用1把或2把，它利用贾卡导纱针的偏移来形成花纹。贾卡提花是经编工艺中形成花纹最有效的一种方法。贾卡机能生产出图案多变、花型丰满、层次分明、质地稳定的提花经编织物，其风格在纺织品中独树一帜，受到消费者的喜爱。

1.3.2.2　成圈型贾卡经编织物提花原理

成圈型贾卡经编针织物的花型主要由贾卡选针技术与贾卡导纱针的偏移量共同决定，即：

横移量=（选针技术）基本横移量+偏移量

选针技术决定了贾卡导纱针的基本横移量，靠机器左面的花型凸轮来控制，一般为0、1针、2针，其中0表示贾卡导纱针的基本针背横移为0，相应的1针、2针则分别表示针背横移为1、2；导纱针的偏移量指的是在基础横移以外附加的横移量。由于贾卡导纱针的不同针背横移，导致了织物中贾卡线圈的延展线长短不一，进而形成不同的花型。

成圈型贾卡针织物的选针技术包括二针、三针与四针技术，其中二针技术是成圈型贾卡经编针织物特有的选针技术，它所对应的基本针背横移为0，当贾卡导纱针有附加偏移量产生提花花型时，其延展线最多横跨两个针距，其他选针技术的组织变化规律依次类推。

在贾卡技术中，每个花纹单元由两个横列组成，一般将从右往左垫纱的横列规定为奇数横列，将从左往右垫纱的横列规定为偶数横列。根据成圈型贾卡经编针织物不同选针技术及偏移量造成的组织变化规律，可以将贾卡导纱针偏移量为0的组织，即作基本垫纱的组织统称为绿色组织；贾卡导纱针在奇数横列向左偏移一位的组织统称为白色组织；贾卡导纱针在偶数横列向左偏移一位的组织统称为红色组织。可在绘制意匠图时以相应的颜色一一对应表示。

二针技术是通过导纱针的同向或反向垫纱来形成花纹图案，它所形成的织物并不形成厚、薄、网眼的效应。三针技术是应用最多的一种技术，可以形成厚、薄、网眼、小网眼效应。四针技术是应用较多的一种技术，可以形成凹凸、平坦效应，立体感强。将不同选针技术进行归纳，其成圈图及基础组织垫纱数码见表1-1。

表 1-1　各选针技术线圈图及垫纱数码

选针技术	绿色	白色	红色
二针技术	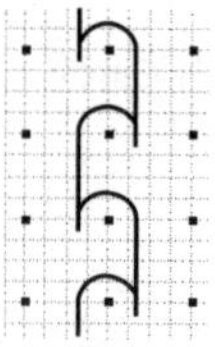 1-0/0-1//	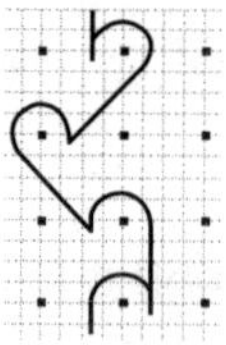 2-1/0-1//	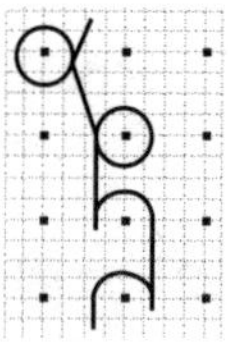 1-0/1-2//
三针技术	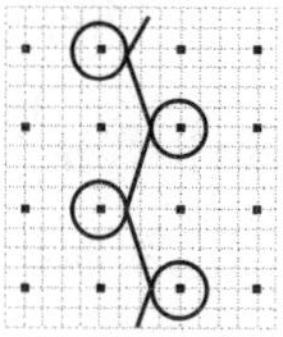 1-0/1-2//	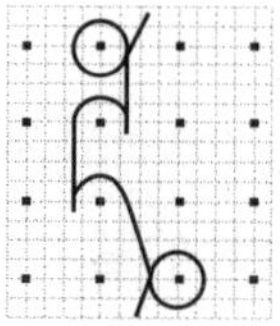 2-1/1-2//	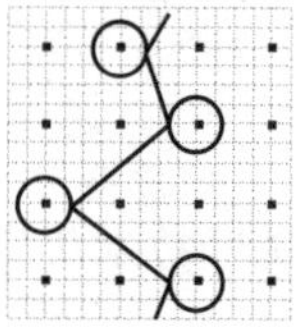 1-0/2-3//
四针技术	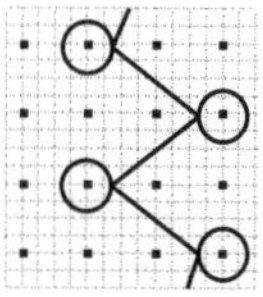 1-0/2-3//	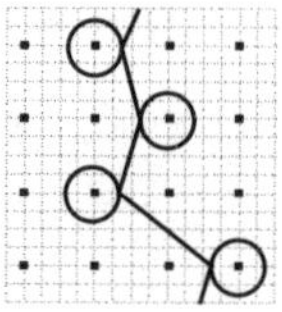 2-1/2-3//	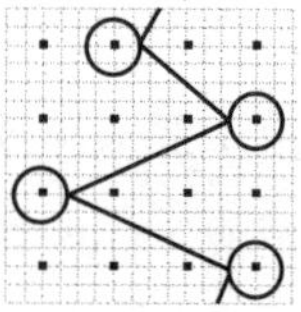 1-0/3-4//

成圈型贾卡经编针织物花纹精致，其贾卡花型的形成主要是由于织物中贾卡线圈的延展线长短不断变化而引起织物的厚薄不一，进而形成花纹效应。

成圈型贾卡提花技术有二针、三针、四针等多种技术。从表 1-1 中可以看出二针技术的基本垫纱为编链组织 1-0/0-1//。绿色组织（H/H）：贾卡导纱针在针背横移时没有偏移，作 1-0/0-1//垫纱；白色组织（H/T）：贾卡导纱针奇数横列在针背横移时发生偏移，作 2-1/0-1//垫纱；红色组织（T/H）：贾卡导纱针偶数横列在针背横移时发生偏移，作闭口经平组织 1-0/1-2//。

三针技术的基本垫纱是 1-0/1-2//的经平组织。绿色组织（H/H）：贾卡导纱针在针背横移时没有偏移，作闭口经平组织 1-0/1-2//；白色组织（H/T）：贾卡导纱针在针背横移时发生偏移，作编链组织 2-1/1-2//；红色组织（T/H）：贾卡导纱针在针背横移时发生偏移，作闭口经绒组织 1-0/2-3//。

四针技术的基本垫纱为 1-0/2-3//的经绒组织。绿色组织（H/H）：贾卡导纱针在针背横移时没有偏移，作闭口经绒组织 1-0/2-3//；白色组织（H/T）：贾卡导纱针在针背横移时发生偏移，作闭口经平组织 2-1/2-3//；红色组织（T/H）：

贾卡导纱针在针背横移时发生偏移，作闭口经斜组织 1-0/3-4//。

1.3.2.3　压纱型贾卡经编织物提花原理

由于贾卡梳栉位于压纱梳之前，该类织物中的贾卡纱作压纱运动。其加工机型主要为 RJPC4F-NE（NN）。

RJPC4/1 型贾卡经编机由地梳、压纱板、Piezo 贾卡梳 JB、织针、脱圈梳和针芯组成，如图 1-3 所示。该机采用复合针，并且单针插放。针芯采用 1.27cm（1/2 英寸）宽度的针块。采用组合式贾卡梳栉，由两个分离的贾卡梳 JB1.1 和 JB1.2 组合而成。所有成圈机件都由封闭油箱中凸轮或者曲柄控制。RJPC4F 贾卡经编机的贾卡梳仅作横移，不作摆动；压纱板作上下运动，3 把地梳既摆动又横移。

图 1-3　RJPC4F 成圈机件配置图

1—地梳　2—压纱板　3—分离的贾卡梳 JB1.2　4—分离的贾卡梳 JB1.1　5—Piezo 贾卡梳 JB　6—织针　7—脱圈梳　8—针芯

RJPC4F 贾卡经编机的地梳和贾卡梳的横移由机器右边的 N 型或 E 型（采用曲线链块）横移机构控制。N 型花纹机构 12 行程，花盘采用可以互换的曲线链块，更换组织时不需要重新配置，只要贾卡梳栉控制杆侧向移动即可。各个花盘的链块号及垫纱数码见表 1-2。

表 1-2　各个花盘链块号及垫纱数码

花盘号	组织	垫纱数码
DISK1	JFE112	0-2-2-2-8-8/8-4-4-4-0-0//
DISK2	JFE113	0-2-2-2-6-6/6-4-4-4-0-0//
DISK3	JFE13	0-2-2-2-4-4/4-2-2-2-0-0//
DISK4	JFE112	0-2-2-2-8-8/8-4-4-4-0-0//
DISK5	JFE112	0-0-2-2-2-2/2-2-0-0-0-0//

贾卡机运用的编织技术包括二针技术、三针技术和四针技术。二针技术是成圈贾卡经编机所特有的；三针技术和四针技术都是典型的贾卡技术，两者都能够形成立体花纹效应；四针贾卡技术由于能够形成更长的延展线，织物立体效应更强。

三针技术是贾卡机应用最多的一种技术，可以形成立体花纹效应，基本垫纱为1-0/1-2//，厚组织效应时垫纱为1-0/2-3//，网孔组织效应时垫纱为2-1/1-2//。

在进行织物设计时选用三针技术还是四针技术，主要取决于对原料用量的要求。如果都能够达到花型的效应要求，则应选用三针技术以节省原料。另外，如果想要配合地组织形成一些网眼或小网眼效应的织物，则只能选用三针技术，即基本组织使用经平组织垫纱。

压纱型贾卡提花织物花纹立体效应强，主要用作网眼窗帘、台布、服装网眼布等。织物提花原理见表1-3。从表1-3中可以清楚看到三针技术（满机号）和四针技术（满机号）的区别。

表1-3　压纱三针、四针（满机号）技术的对比表

颜色效应	织物外观效应	三针技术（满机号）	四针技术（满机号）
绿色	薄		
红色	厚	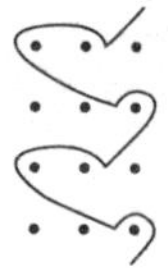	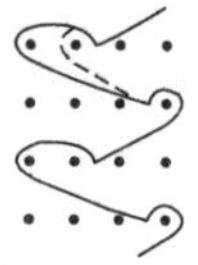
白色	孔眼		
黄色	过渡组织——用于意匠图上白色到绿色的左边		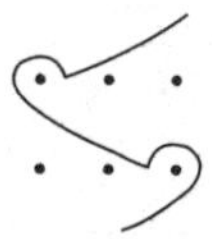
蓝色	过渡组织——用于意匠图上红色到白色的右边和用于绿色到白色的右边		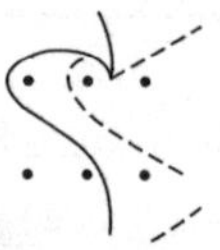

1.3.3　贾卡提花装置

贾卡提花装置一般分为两类，即机械式（纹板式）和电子式。

1.3.3.1　纹板式贾卡提花装置

装在贾卡经编机的顶部用以控制经编贾卡提花的装置，也称经编贾卡龙头。由上下运动的刀架、安装成与刀架一边平行的提针刀片和悬挂在提针刀片上的竖针组成。其提花装置以纹板储存织物的花纹信息，通常一块纹板控制一个横列的编织。其导纱针一般有两种类型，它们相间配置在贾卡梳栉上，由富有弹性的薄钢片制成。移位针一一对应地配置在贾卡导纱针弯曲突出部段的上方。若纹板上的某孔位冲孔，则在编织时装置中相应的竖针就会随刀片上提，经通丝克服回复弹簧的弹性力使相对应的移位针上提，移位针下端就从贾卡导纱针针隙中抽出，从而在贾卡梳栉横移时，相应的导纱针的垫纱运动就不受此移位针的影响。而当纹板在该孔位上不冲孔时，相应竖针不被刀片上提，该移位针下端始终插在贾卡导纱针针隙中，在贾卡梳栉横移时，由于移位针床侧向不横移或与梳栉的横移量不同，移位针就会阻挡或推移相应贾卡导纱针的横移垫纱运动，从而使该导纱针所编织的组织按设计的要求而变化。

1.3.3.2　电子式贾卡提花装置

现代贾卡经编机越来越多地采用电子控制贾卡装置，其主要有电磁式和压电式两种。

（1）电磁式贾卡提花装置

电磁控制贾卡装置中，通丝上端连接的机件含有永久磁铁，通丝和移位针的基本位置在高位。当有电子信号时，移位针就会下落，处于低位，贾卡导纱针就因此被偏移。无电子信号时，移位针仍处于高位，此时，贾卡导纱针不产生偏移。

（2）压电式贾卡提花装置

而在压电式贾卡装置中，其主要的元件有压电陶瓷片、梳栉握持端和可替换的贾卡导纱针。在贾卡导纱针的左右两面都有定位块，这样可以保证精确的隔距。在此装置中，是通过两个开关的切换，从而在压电贾卡导纱元件的两侧交替加上电压信号，使压电陶瓷变形，以实现导纱针向左或向右偏移。

1.3.4　贾卡经编针织物

由贾卡提花装置分别控制经编机上全幅的各根部分衬纬纱线（或压纱纱线、成圈纱线）的垫纱横移位针距数，从而在织物表面形成由密实、稀薄和网孔区域构成花纹图案的经编结构，称为贾卡提花经编组织，简称贾卡经编组织。

提花基本组织是指基本的贾卡组织变化，即传统意义上的厚、薄、网眼三个层次的变化。贾卡导纱针在奇偶横列都不产生偏移形成“薄”组织；奇数横列不偏移，偶数横列偏移形成“厚”组织；奇数横列偏移，偶数横列不变化形成“网眼”组织；在设计花型时使用红、绿、白来对应区分这三个层次效应。根据贾卡经编织物的不同提花原理，其产品可大致分为四类：成圈型贾卡经编织物、衬纬型贾卡经编织物、压纱型贾卡经编织物和浮纹型贾卡经编织物。

贾卡经编针织物具有花型丰满、层次分明、结构复杂等多变的织物风格，被广泛应用于装饰用纺织品，也应用于服装等。

根据贾卡提花原理的不同，贾卡经编针织物可被分为成圈型贾卡经编针织物、衬纬型贾卡经编针织物、压纱型贾卡经编针织物和浮纹型贾卡经编针织物四大类。

1.3.4.1 成圈型贾卡经编针织物

这类织物利用成圈提花原理生产，生产这类经编织物的经编机称为成圈型贾卡经编机，又称拉舍尔簇尼克（Rasecheltronic）经编机。这类机器主要有 RSJ4/1 和 RSJ5/1 两个机型。其织物在女士内衣、泳衣和海滩服中有着很广泛的应用。

1.3.4.2 衬纬型贾卡经编针织物

这类织物利用衬纬提花原理生产，生产这类织物的经编机称为衬纬型贾卡拉舍尔经编机。早先的 RJ4/1 经编机现在一般不单独使用。衬纬贾卡原理还应用在 MRPJ25/1、MRPJ43/1、MRPJ73/1、MRPJF59/1/24 多梳经编机和 RDPJ6/2 双针床贾卡经编机中。另外，浮纹型贾卡经编机中后面的贾卡梳也是采用衬纬原理。现在，衬纬贾卡梳栉一般用来形成花式底布。

1.3.4.3 压纱型贾卡经编针织物

这类织物利用压纱提花原理生产，生产这类织物的经编机称为压纱型经编机，典型的机型为 RJPC4F-NE。压纱型贾卡经编织物的花纹具有立体效应，主要用作窗帘和台布。

1.3.4.4 浮纹型贾卡经针编织物

这类织物利用浮纹提花原理生产，机器上带有单纱选择装置。生产这类织物的经编机称为浮纹型贾卡经编机，又称克里拍簇尼克（Cliptronic）经编机。主要的机型有 RJWB3/2、RJWB4/2、RJWB8/2F（6/2F）、RJWBS4/2F（5/1F）等。浮纹型贾卡经编机的成功开发，使得贾卡原理又有了进一步的发展，现在不但可以控制贾卡针的横向偏移，而且纵向上也是可以控制贾卡纱线的进入以及退出工作，从而形成了独立的浮纹效应。浮纹型贾卡经编产品的应用已不再局限于传统的网眼窗帘、台布等，已成功地渗透到花边领域，另外还可用作女士内衣和外衣面料。

1.4　经编织物分析

主要运用手感目测法、燃烧法、显微镜观测法、药品着色法、溶解法等对经编织物原料进行分析。

经编织物参数主要有：

纵密（cpc）：指沿线圈纵行方向在 1cm 内的线圈数。

横密（wpi）：指沿线圈横列方向在 1cm 内的线圈数。

$$机号=每英寸内纵行数\times\frac{100-缩率}{100}$$

G 为织物克重，指平方米克重，可使用扭力天平、分析天平等进行分析。

$$G=g\times\frac{10000}{L\times B}$$

式中：G——织物平方米克重，g/m^2；

g——织物重量，g；

L——织物长度，cm；

B——织物宽度，cm。

对织物后整理的分析，主要是根据目测判断布样是否经过染色、印花、烂花和起绒等整理工艺，根据手感判断布样是否经过树脂处理。

1.5　经编工艺计算

经编工艺计算一般分三个状态进行：机上编织状态、坯布和成品，具体工序如下。

（1）花型数据

包括产品号、组织号、用途、设计人和设计日期等。

（2）机器基本参数

包括机型、机器幅宽、机号、机器编号、梳栉数、特殊装置（EBC、EBA、EAC、EL、SU 和压纱板等）和机器传动号等。

（3）原料参数

各把梳栉原料及穿经原料，包括原料粗细、长丝孔数、纱线种类、加捻方向、纤维长度、纱线特性、颜色和穿经方法。

（4）送经量

指编织 480 横列［1Rack（腊克）］的织物所用的经纱长度，如图 1-4 所示。

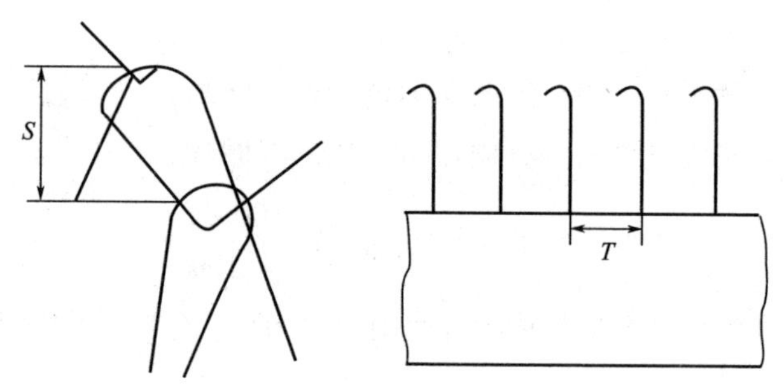

图 1-4　送经量估算参数

送经量公式推算如下：

$$
\text{每横列送经量（rpc）}=\begin{cases} S & (a=0,\ b=0) \\ (b+0.3)\,T & (a=0,\ b\neq 0) \\ \prod d/2.2+2S+S & (a=1,\ b=0) \\ \prod d/2.2+2S+bT & (a=1,\ b\neq 0) \\ 2\times(\prod d/2.2+2S)+(b+1)\,T & (a=2) \end{cases}
$$

$$
\text{腊克送经量（mm/Rack）}=480\times\sum_{i=2}^{m}\text{rpc}_i/m。
$$

式中：a——针前横移针距数；

b——针背横移针距数；

d——织针的粗细，mm（表1-4）；

S——机器的圈高，mm，$S=10/$纵密；

T——针距，mm，$T=25.4\text{mm}/E$。

表1-4　机号及其所对应的织针粗细和针距

机号 E	14	20	24	28	32	36	40	44
织针粗细/mm	0.7	0.7	0.55	0.5	0.41	0.41	0.41	0.41
针距/mm	1.81	1.27	1.06	0.91	0.79	0.71	0.64	0.58

（5）织物密度

工艺密度是指上机编织时的纵密，单位为横列/cm。

（6）穿经率和送经率

穿经率一般使用花纹循环内穿经根数表示；送经率指不管密度如何，编织一定长度的织物所消耗的经纱长度。

第2章 经编窗帘

2.1 概述

窗帘主要用于调节光线、保护个人空间、防风、除尘、消声等，在现在的家庭中还同时成为一种软装潢。窗帘有掀帘、垂幕帘、折帘、卷帘、百叶帘等基本形式，而每种基本形式又可通过帘楣幔、结构、材料、悬挂方式，变化出多种不同款式的窗帘。

经编窗帘一般为满地大花纹、满地碎花图案，具有以下特点。

①经编织物的生产效率高，最高机速已达3600r/min，门幅达533.4cm（210英寸），可直接进行落地窗帘、宽幅窗帘的直接编织，效率可达98%。

②与纬编织物相比，一般延伸性较小。经编窗帘因其特殊的需要，一般都有很好的尺寸稳定性。

③经编织物可以利用不用的组织减少因断纱、破洞而引起的线圈脱散现象，具良好的防脱散性。

④可以使用不同粗细的纱线，进行不同的衬纬编织，因而能形成不同形式的网眼组织，花纹变换简单。

⑤在生产网眼织物方面，经编技术更具有实用性。生产的网眼织物可以有不同的大小和形状，并且织物形状稳定，不需要经过任何特殊的整理。

2.2 原料选择

经编产品原料以化纤长丝为主，其中涤纶丝、涤纶低弹丝、锦纶丝应用最广泛，锦纶高弹丝、丙纶丝、氨纶、蚕丝及各类黏胶丝应用较多，具体如下。

2.2.1　涤纶

运用最广泛，具有强度高、耐日光、耐摩擦、不霉不蛀、不易褶皱的优点。常用规格有33.3dtex、50dtex、55.5dtex、75.5dtex、83.3dtex；因其良好的耐日晒牢度，在窗帘的生产过程中运用尤其多。

2.2.2　锦纶

耐疲劳度最好，但模量低，抗褶皱性不及涤纶，不耐光，易变色和发脆。常用规格有22.2dtex、38.3dtex、55.5dtex、75.5dtex、83.3dtex；目前22.2dtex、38.3dtex两种规格为单根晶体锦纶丝，无须加捻或浆丝，具有纤细、透明、不易显露的特点，用于透明薄型织物的生产。

2.2.3　腈纶

腈纶又称“人造毛”。大量用于经编绒类织物。具有特殊的耐日光性，很适宜制作窗帘（多为厚形窗帘，遮光性、消声功能较好）和户外装饰织物。

2.2.4　氨纶

氨纶又称“莱卡”。主要用于紧身衣、运动衣、护腿袜、外科医用绷带。可采用氨纶裸体丝或氨纶与其他纤维并加捻而成的加捻丝，主用于各种经编、纬编织物。为保持经编窗帘的稳定性，一般不使用氨纶。

将各具特色的原料进行巧妙搭配，可以形成特殊视觉效应和触觉效应，使花边形成变幻莫测的外观效应。例如，运用自然肌理的棉纱和材质细柔的氨纶搭配，以细密的氨纶来强调棉纱的质朴自然，形成田园风格；运用双色黏胶丝与有光锦纶搭配，使得花边在产生有趣色彩渐变效果的同时，借着锦纶的光泽营造出彩虹一样的斑斓，追求抽象的视觉美感。各种原料形成的外观效应使得花边风格各异；此外，合理使用原料，进行多样的配置，促使花边的外观形成独特的肌理效果，给人强烈的视觉吸引力和艺术上的感染力。

2.3 窗帘产品

2.3.1 贾卡窗帘产品

在贾卡 RJPC4/1 型贾卡经编机上生产的网眼窗帘如图 2-1 所示，各项参数及工序如下。

图 2-1 网眼窗帘效果图

（1）机器规格

①机型：RJPC4/1 型。

②机号 E：18。

③梳栉数：4。

④花盘数：2。

⑤幅宽：330cm（130 英寸）。

⑥机速：720r/min。

（2）贾卡技术

三针技术（满机号）。

（3）原料规格

原料 A：167dtex/144f×2 涤纶变形丝，有光；

原料 B：76dtex/24f 涤纶变形丝，有光。

（4）组织、穿经

①JB1. 1：0-2-2-2-4-4/4-2-2-2-0-0// 满穿 A，形成花纹，采用三针技术（满机号）。

②JB1. 2：0-2-2-2-4-4/4-2-2-2-0-0// 满穿 A，形成花纹，采用三针技术（满机号）。

③GB2：0-0-2-2-2-2/2-2-0-0-0-0// 满穿 B，形成方格底布。

（5）成品规格

①纵密：15. 8cpc（机上纵密：16. 5cpc）。

②横密：18. 9wpi。

③平方米克重：105g/m^2。

④横向缩率：95%。

⑤产量：27.3m/h。

（6）后整理

后整理采用水洗、漂白、定型。

2.3.2　多梳窗帘产品

多梳窗帘产品采用MRSS32型经编机生产，MRSS 32型经编机的成圈机件由槽针、针芯、脱圈栅板、沉降片和导纱梳栉等组成，沉降片固定不动，所有梳栉仅横移不摆动，针床、脱圈栅板做摆动运动。这种运动方式的优点是可以避免众多梳栉的巨大摆动惯性，有利于纱线的正确垫入。该机采用了槽针，这样使花型设计的自由度和原料的使用范围均得到扩大，在编织精纺棉纱和混纺丝时，槽针系统能自动剔除针槽内的飞花、杂质，从而保证了编织的正常进行。

多梳拉舍尔经编机在生产网眼窗帘织物时，常用2~3把普通满置梳栉编织网眼地组织，而众多的花梳则在地组织上编织花纹。复杂精致的花纹需要较多的花梳，一般可用20~78把；而在编织比较简单的花型时，如小型窗帘、提花蚊帐、金银丝头巾等，则采用9~18把梳栉，虽然梳栉数少会限制花纹图案设计的自由度，但机速可提高。

MRSS32型经编机生产的窗帘织物如图2-2所示，各项参数及工序如下。

图2-2　窗帘织物效果图

（1）机器规格

①机型：MRSS32型。

②机号E：24。

③梳栉数：32（26）。

④链块数：3456。

⑤销子数：144。

⑥机速：450r/min。

⑦行程数：地梳数=2，花梳数=1。

⑧产量：13.5m/h。

（2）原料规格

地组织：44dtex/13f 锦纶，17%。

花纹组织：100dtex/30f×6 锦纶变形丝，29%；156dtex/34f×2 锦纶变形丝，33%；67dtex/17f 涤纶有光丝，19%。

（3）成品规格

①纵密：27cpc（机上纵密：25cpc）。

②每根分米克重：6.3g/（L·dm）。

③平方米克重：105g/m^2。

④横向缩率：95%。

（4）后整理

后整理方式为水洗、预定型、染色、烘干、整理。

2.3.3 多梳工艺设计的基本原则

2.3.3.1 原料线密度与梳栉号的对应安排原则

所有拉舍尔系列机器的梳栉号都是由机前向机后顺序编号的。在编织花边或其他提花织物时，经常采用不同粗细的原料来体现层次感。最粗的纱线（330～600dtex）常用于包边以突出花纹的轮廓，中粗的纱线（150～250dtex）常用于编织主体花纹，而较细的纱线（44～100dtex）则用于对主体花纹进行修饰、点缀。为获得清晰透明的效果，常采用20～44dtex 的化纤长丝编织地组织。工艺设计时，一般遵循以下原则：

①地梳线圈必须包络衬纬纱，该梳栉应安排在最前面；

②最粗纱线的包边衬纬梳栉安排在前面；

③中粗纱线的提花梳栉安排在中间；

④最细纱线的提花梳栉安排在后面。

这样安排的原因是，在织物的工艺反面，机前梳栉所做的衬纬叠在后梳栉所做的衬纬的上面。如果任意安排梳栉，则有可能使包边纱被衬纬纱覆盖住。粗纱被细纱所盖，则造成花纹本身及边缘处模糊不清。

2.3.3.2 提花梳栉衬纬方向的选择原则

提花梳栉衬纬时，如若没有特殊的情况，所有提花梳栉应向同一方向横移，即同向垫纱。同向垫纱的优点是，图案上相邻两把提花梳栉的垫纱吻合效果好。特别是考虑到梳栉集聚的特点，同向垫纱有利于简化梳栉的排列，也有利于链块数码的读取和检查。

2.3.3.3　移针量的确定原则

提花梳栉一次最大针背移针量取决于该把梳栉允许横移时间及链块可磨制的陡度。当槽针摆至最后位置时，所有提花梳栉进行针背垫纱。由于位于最后面的提花梳栉离针背距离最近，因而横移时间相对最短。这样所有提花梳栉一次最大针背移针量依据成圈曲线可确定为：$L_4 \sim L_{10}$ 为 12 针距，$L_{17} \sim L_{18}$ 为 10 针距，$L_{29} \sim L_{32}$ 为 8 针距。采用电子横移机构时，最大一次移针量可达 16 针距。

花梳栉的累积横移量取决于链块的高度，MRSS32 型经编机每把提花梳栉的最大累积横移量为 70mm。

2.3.3.4　衬伟梳栉的设置

由于提花梳栉具有集聚的特点，因此在整个花纹循环内，同集聚线上衬纬梳栉在每一横列必须相距两针距以上，以免编织时互相碰撞而造成机器损坏。

随着拉舍尔花边机的不断发展，梳栉数量的增加，压纱板和贾卡装置的加入，生产的拉舍尔花边花型日趋精致繁复，立体感强，贾卡的提花功能使组织变化丰富，层次分明，表现出极佳的外观效果。

第3章　运动鞋面

3.1　概述

3.1.1　研究背景和意义

随着运动鞋的发展，运动鞋面的开发设计也在不断变化。设计所要求的知识面也变得非常广，不仅包括了皮革、纤维和经编方面的技术，而且用到整形外科和运动生理学上的部分知识。人们对运动鞋面料的要求有舒适性、耐磨性、尺寸稳定性、轻质量、透气性、透湿性等。目前在运动物品领域，功能与时尚是其两大主题。运动鞋面料的开发设计应该在高技术的基础上，围绕多功能、时尚等的发展趋势进行。当前运动鞋面料研究的重点内容是：轻质量化、花纹复杂多变化、尺寸稳定和牢固度性能等。

运动鞋不断发展，运动鞋面料的设计更加复杂化，只有不断地完善和开发计算机辅助技术在设计中的作用，才能进一步满足和引导消费需求。不仅高科技含量产品的市场转化能有效提升产品的信誉和公司形象，而且计算机辅助技术的应用可以在上机之前就能够预知织物效果，从而大幅提高了新产品开发的成功率，对于缩短运动鞋开发周期，降低生产成本，保证产品质量也具有重要意义。

3.1.2　运动鞋的现状

运动鞋的设计和开发是各类鞋中要求最严的。最初的阶段，在功能方面，开发防滑和减震等功能；在材料方面，应用新材料，如尼龙帮材、聚氨酯（PU）底材等；在结构方面，如研发出复合底，为运动鞋的轻量化、减震、弹跳特性奠定了基础，又如开发气柱和气垫。

近年来运动鞋外形的变化大致有以下几方面：鞋尖适度上翘，这样可减小鞋尖的着地面积，起到保护足尖的作用；足弓部位明显隆起，足弓突起不足或平坦的脚称为平足，容易使人疲劳，而穿着足弓隆起的运动鞋有助于纠正平足；跟部加厚，在鞋楦设计上则是加大后翘，这样的设计能形成一定的坡度，使运动时身体前倾，有助于减小踵腱受损，跟部每升高 1mm，可使踵腱松弛率减少 8%；鞋口部的脚山高度比后踵高 12~15mm，以利于穿上和脱下，保护腑骨。

目前，世界各知名鞋业公司都高度重视鞋的研究设计及相关的理论探索。它们纷纷斥巨资建立科研机构，招聘科技专业人员，从事有高科技含量的系统研究工作。研究内容涉及人体工程学、矫形学、生理学，还配置了各种模拟机台和检测手段。随着计算机辅助系统的发展，运动鞋面料的发展也更加多样化、复杂化和时尚化。

3.1.3 计算机技术在运动鞋设计中的应用

3.1.3.1 CAE 技术在运动鞋设计中的应用

在运动鞋中，鞋底是运动鞋结构设计的重点。运用 CAE（computer aided engineering，计算机辅助工程）分析技术，确定脚部软组织和热塑性橡胶的材料模型，对人脚和中底建立有限元分析模型，进行静力接触分析，得到脚和中底的应力和位移分布规律。通过分析结果可以检验结构设计方案的可行性，并且在保证功能的受力前提下，能够进一步优化结构参数，既保证中底产生一定的变形量，以增加脚底的均匀性和产生能量回归效应，又可以降低鞋底重量，从而实现运动鞋的轻量化和舒适性。通过改变载荷数值，可以考察中底在不同状态下的应力和位移分布规律，并且可以检验中底所能承受的极限载荷。CAE 分析技术的应用，对于缩短运动鞋开发周期，降低生产成本，保证产品质量具有重要意义。

3.1.3.2 CAD 在运动鞋设计中的应用

使用计算机辅助设计系统能够缩短设计周期，在上机之前就能够预知织物效果。从而大大提高了新产品开发的成功率。目前在经编行业中，也纷纷研制推出针对各种机型的经编织物的设计软件，从而改变了设计人员的工作模式，提高了生产效率。

3.1.4 研究的内容

研究内容主要体现在以下五个方面。

①通过对运动鞋面的形成方法和不同材料透气、透湿等性能的分析对比，选择合适的鞋面材料和形成方法。

②分析运动鞋面料的发展趋势。

③在以上的基础上开发和设计一款经编运动鞋面。

④根据设计的经编运动鞋面，利用 VC++计算机语言完成贾卡意匠图的定义。

⑤在完成定义的贾卡计算机辅助系统上对所设计的经编运动鞋面进行准确快速仿真。

3.2 运动鞋面设计

3.2.1 运动鞋的基本要求

以往运动鞋是人们参与运动比赛、训练时穿用的。但随着人们生活水平的提高，运动鞋的涵盖范围也不断扩大，穿着时间、空间、地点也在不断扩大。这种变化使得运动鞋打破了职业和年龄的界限。在不同的地点不同的场合，有其不同的应用，人们对运动鞋的要求也随之变化。对于运动鞋的基本要求可以归纳为以下几点。

（1）鞋帮

纺织材料要注意选用透气、吸湿、轻便、柔软、杀菌、防臭等具有良好卫生性能和舒适性的材料。

（2）鞋面

鞋面优良的材料要与里料、内底、内包头、粘衬等材料相配合使用，才能发挥其优越的性能。

（3）里料

里料是鞋材中与脚接触最近，接受脚带来的蒸汽、汗液，如果里料本身不具有透气、吸湿功能，面料的卫生性能也将发挥不出来。质量好的鞋用内底材料应吸湿、透气，而且具有较好的尺寸稳定性、抗屈挠性等。

（4）鞋底

鞋底材料的性能极大地影响穿用时的舒适性。针对鞋的穿用场合及使用目的进行选用。对于一般的运动鞋，使用的鞋底要质量轻、硬度适中。硬度太低，没有刚性，脚易拉伤；硬度太高，走路时鞋底不能随脚弯曲。在运动鞋设计中，应当尽其所能让运动鞋材料最大限度地发挥其透气、耐折、对脚踝的保护特性，并搭配得当。

3.2.2　运动鞋面选用材料

运动鞋的材质用料广泛，帮面材料有纺织材料、皮革、人造革、合成材料等；金属和塑料部件等辅料运用也较多。然而它们都有各自的优缺点，具体的如下。

（1）PVC

大多数较便宜，质地差，不耐寒，不耐折；不用于面料。

（2）PU 革、牛巴（磨面牛皮）

PU 革柔软，富有弹性，手感好，表面多有光泽。牛巴表面多呈磨砂状，手感粗涩，少有光泽且呈消光雾面，多数无弹性。牛巴、PU 革虽不同，但使用起来各有特色。相对而言，PU 革使用更广泛一些。运动鞋使用中档以上的牛巴和 PU 革做鞋面。

（3）超细纤维

超细纤维质感柔和，质地均匀，性能很接近天然皮，但比天然皮厚度更均匀，弹性更均衡，是人造革类最好的材料之一。目前大多数鞋型采用此种材料。

（4）天然皮

天然皮是人们普遍认可的材料，它透气、柔软、耐剥离、耐折、耐寒，经久耐用，缺点是有瑕疵，毛孔多，形状不规范不易裁制。天然皮向来为人们所喜爱；鞋用皮有牛皮、猪皮、鹿皮、驼鸟皮、蛇皮等许多种。运动鞋一般使用牛皮。牛皮又可分为头层皮和二层皮，头层皮又叫珠面皮，二层皮又叫二榔皮或漆皮，一般头层皮价格是二层皮的 3~5 倍。运动鞋，尤其是篮球鞋大量使用头层牛皮。

（5）网布

主要用于主料网布、领口辅料和里布辅料。主料网布，用在帮面外露地方，轻便而且具有良好的透气性、耐弯曲性，比如三明治网布。领口辅料可采用天鹅绒、BK 布等，里布辅料可采用丽新布等。网布的主要特性为耐磨，透气性好。

运动结束后，鞋内各部位湿度快速增大；穿不同运动鞋运动时鞋内温度和湿度变化有明显差异性，穿透气性和排湿性好的运动鞋运动时鞋内相对湿度可明显降低，穿透气性较差的鞋则相对湿度不降反升，感觉不舒适。

针织物的透气率与织物的厚度、密度、未充满系数有关。厚度及密度越小、未充满系数越大，织物的透气率越大，由于网眼织物结构稀疏，所以透气率和透湿性都很大。由于合成纤维的强力通常要大于天然纤维，所以用成本较低但强度较好的涤纶作为材料时，这不仅使运动鞋的尺寸稳定性提高，而且使耐磨性提高。

3.2.3 经编针织物在运动鞋面中的应用

目前用于运动鞋上的经编织物主要有间隔织物和网眼织物，另外还有一些平布和结构布。

3.2.3.1 间隔织物

间隔织物，也就是双层织物，这种织物由两个织物层组成，其间通过间隔纱线连接起来。根据运动鞋的不同种类，相应调整这两个织物层的间距，最大可为8mm。如果产品需要，两个织物层的结构可以不同，例如，激烈运动时所穿运动鞋的鞋垫、鞋舌面料，机号 E 采用 22～28，可以两面结构均紧密或一面为半网眼结构，高度为 1.5～6mm，两面通常都有弹性。间隔织物可以有弹性也可以是紧密牢固型的，这取决于其最终用途。这种织物重量轻，抗磨损，可塑性强，容易切割和成形，而且易于洗涤，与层压制品不同，它不会出现分层现象，因为织物的两层是通过纱线连接在一起的。

3.2.3.2 平布

HKS3-1、HKS3M（P）、HKS4-1 和 HKS4+5（P）（EL）等机型的经编机主要用来生产运动鞋上的平布，其中包括毛绒织物。这些织物大部分用作鞋子衬里织物，有时也用于鞋子镶边或鞋拔包边上。可以有弹性，也可以是紧密牢固的，它们的悬垂性很好，可根据需要进行成形加工。透气性好，重量轻，穿着柔软舒适，赋予了运动鞋尽可能好的品质。

3.2.3.3 结构布

鞋子的外观是吸引消费者购买的主要因素之一。运动鞋的生产商通常选用不同的材料和颜色来创造运动鞋时尚的外观效果。皮革是最常见的材料之一，此外，可以选用带有花纹、色彩鲜艳的经编织物。因为不同的垫纱方式、不同的纱线，甚至不同的后整理方法，都会产生风格迥异的织物效果。根据其最终用途，既可以被单独使用，也可以与其他织物紧贴着用于鞋子上。为了更好地突出花型，织物选用了三种不同纱线进行生产，这些纱线经过交叉染色或纺丝染色。要使针在纱线相互串套时保持尽可能低的张力，生产时，根据纱线的粗细相应地采用恰当的穿纱方式。结构布采用线圈交织，所以织物的耐磨损性和抗撕裂性都较好，且呈现很明显的三维效果。

3.2.3.4 网眼织物

经编网眼织物是以合成纤维、再生纤维、天然纤维为原料，采用经编基本组织和变化组织等织制，在织物表面可方便地形成方形、圆形、菱形、六角形、柱条形、波纹形的孔眼。孔眼大小、分布密度、分布状态可根据需要而定。网眼织物用途广泛，服用网眼织物质地轻薄，弹性和透气性好，手感滑爽柔挺，主要用作夏令男女衬衫面料等。经编网眼结构主要用于以下方面：正对着脚后跟的衬里，可以防止磨损；灵活又牢固地形成鞋子内顶部到脚背的衬里或制成鞋垫，舒适而透气；另外还可以覆盖在鞋子表面起装饰作用。目前常用的经编机机型有 RS4、RSE4-1、RSE4、HD6N 双针床拉舍尔机、HKS2 特里科机。涤纶长丝和锦纶长丝是较常使用的原料，一般使锦纶长丝编织的一面贴近人体，这样可以得到良好的服用性能，而且耐磨性提高。

(1) 网眼织物形成方法

经编网眼织物是以合成纤维、再生纤维、天然纤维为原料，采用经编基本组织和变化组织等织制，在织物表面可方便地形成方形、圆形、菱形、六角形、柱条形、波纹形的孔眼。孔眼大小、分布密度、分布状态可根据需要而定。网眼织物的形成原理是使相邻的线圈纵行在局部失去联系，从而在经编坯布上形成一定形状的网眼。常用来形成网眼织物的方法有以下几种。

①少梳经编组织。在工作的幅宽范围内，一把或两把梳栉的部分导纱针不穿经纱的双梳经编组织称为部分穿经双梳栉经编组织。

由于部分导纱针未穿经纱，造成部分穿经双梳栉经编组织中的某些地方有中断的线圈横列，此处线圈纵行间无延长线的联系，而在织物的表面形成网眼效应。这类经编组织的织物通常具有良好的透气性和透光性，主要用于制作头巾、夏衣布料、女士内衣、服装里料、网袋、蚊帐、装饰织物、鞋面料等。

②多梳栉经编组织。多梳栉经编组织由地组织和花纹组织两部分组成。其中地组织多采用网眼组织。一般可分为四角形网眼结构和六角网眼结构。多梳拉舍尔窗帘织物多采用四角网眼地组织，它们通常用两把或三把地梳栉编织，前梳编织编链，第二、第三把梳栉编织衬纬。在窗帘网眼织物中，地组织是一种格子网眼。而花边类织物通常采用六角网眼地组织。

③双针床经编组织。在两个平行排列针床的双针床经编机上生产的双面织物组织，称为双针床经编组织。双针床所编织的网眼组织可以作为蔬菜和水果的包装袋。与单针床双梳部分经编穿经组织类似，双针床双梳部分穿经能形成某些网眼结构。在双针床双梳部分穿经组织中，如要形成真正的网眼，必须保证在一个完整横列，相邻的纵行间没有延展线连接。改变双梳的垫纱数码，使相邻纵行间没有延展的横列增加，孔眼就扩大。

④ 贾卡经编织物。贾卡技术是目前经编发展的主流之一，花型编织能力可以赋予织物特别的视觉效果。贾卡网眼组织的形成是利用厚实、稀薄、网眼的分布来形成网眼，其大小和分布可以根据需求而变化。

（2）网眼的大小和形态

三针技术和四针技术都是典型的贾卡技术，两者都能够形成立体花纹效应，四针贾卡技术由于能够形成更长的延展线，织物立体效应更强。在进行织物设计时选用三针技术还是四针技术，主要取决于对原料用量的要求，若都能够达到花型的效应要求，则应选用三针技术以节省原料。另外，如果想要配合地组织形成一些网眼或小网眼效应的织物，则只能选用三针技术。下面几种网眼织物均采用三针技术设计。

①密实网眼分布。网眼分布较为密实，网眼较小，可以为连接部位，称为小网眼，如图 3–1 所示。

②稀薄网眼分布。网眼分布较为稀疏，网眼较大，可以作为鞋帮，称为较大网眼，如图 3–2 所示。

图3-1 密实网眼分布

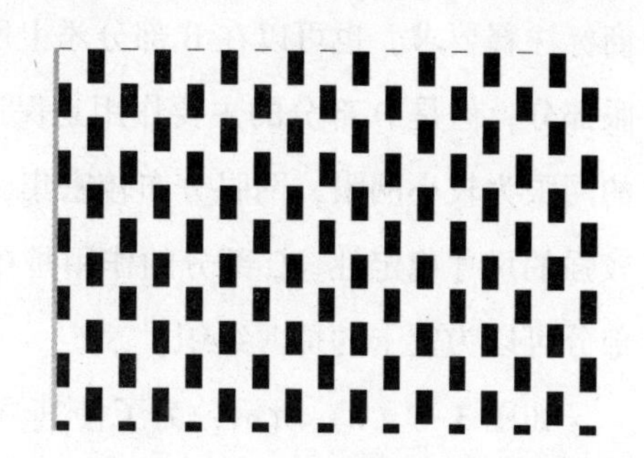

图3-2 稀薄网眼分布

③商标分布。在鞋帮处可以根据需求添加商标，如鸿星尔克的商标，在鞋帮的两侧对称分布，如图3-3所示。

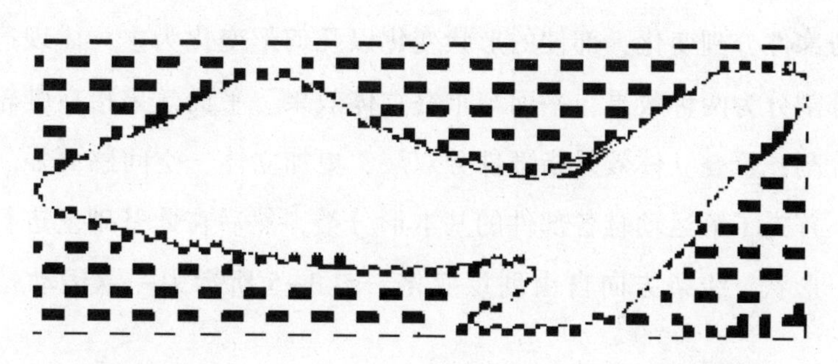

图3-3 商标分布

④特别稀疏型网眼分布。分布稀疏，网眼大，可以运用在鞋面版型块较分散的运动鞋上，称为大网眼，如图3-4所示。

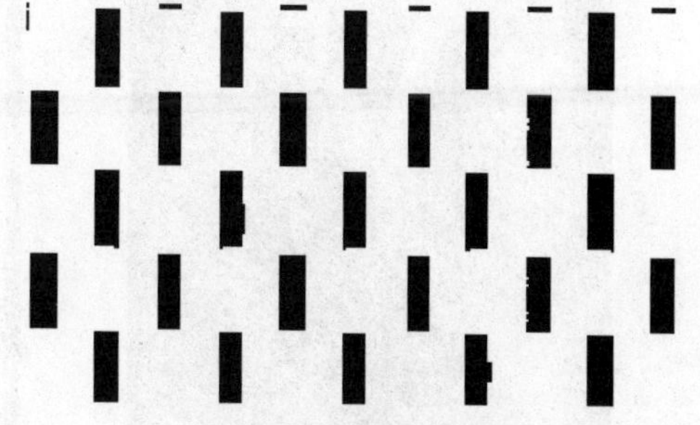

图3-4 特别稀疏型网眼分布

（3）运动鞋面上网眼的分布

为了使运动鞋具有良好的性能及美观，下面以图3-5（a）和（b）为例对经编运动鞋鞋面版图中网眼的分布进行说明。

如图3-5（a）所示，由于A和B部分主要覆盖人脚面，其主要的作用是透气和透湿，所以A和B部分应该是较大网眼，网眼分布较稀疏，以保证运动鞋具有较好的透气性和透湿性。如果设计的鞋有商标注释要求，也可以在B部分添上所设计的品牌商标。版图中的白色部分D为孔眼部分，但是D部分的主要作用是保证鞋面的牢固度和尺寸稳定性。所以要求此处的网眼为较小网眼，网眼分布较密集，保证鞋面即使在剧烈的运动条件下也可以有较强的尺寸稳定性。C部分的作用是在生产鞋面时将每个鞋面料连接起来，所以C部分可以为贾卡的稀薄组织。

如图3-5（b）所示，为了使其具有较好的透气性和透湿性，所以应该为特大的孔眼，网眼分布稀疏，以保证运动鞋具有较好的透气性和透湿性。

3.2.4 运动鞋面版型

运动鞋的鞋面变化形式分三类：直线型、横向型和横直结合型。运动鞋的变化重点为帮部件分割变化，部件的形状变化以几何形变化为主，体现运动鞋的特征。鞋面分割分为两种效果：平面与重叠立体效果。平面效果指在鞋轮廓基础上进行部件分割；重叠立体效果指部件分双层，更加立体，空间感更强。帮部件的分割变化，首先了解运动鞋各部件的基本形分类，然后在此基础上进行宽窄、大小、弧度、形状、线条方向自由创意变化。图3-5所示为一款运动鞋鞋面的版型图。

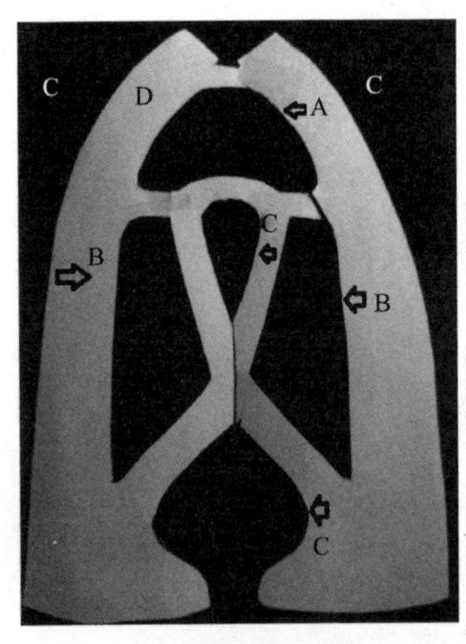

(a) 版型图一

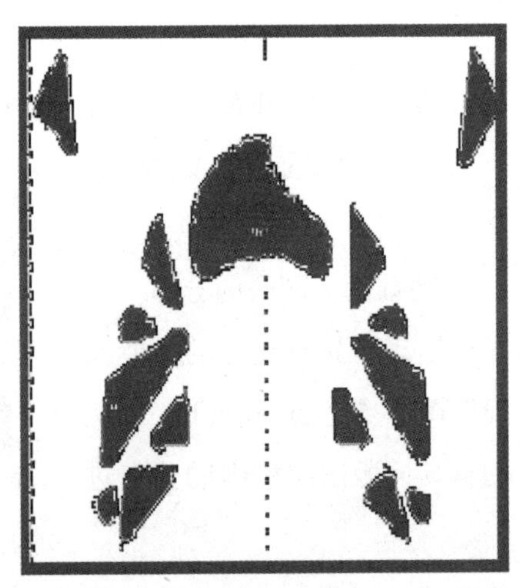

(b) 版型图二

图3-5 经编运动鞋面版型

3.2.5　运动鞋面多色意匠图的设计

在小方格纸中，根据织物组织结构用三种不同的颜色涂覆相应的小方格，通常密实组织在格子纸中涂红色，稀薄组织在格子纸中涂绿色。网眼组织在格子中涂白色或不涂色。

经编网眼鞋面的意匠纸的设计步骤如下。

（1）绘出花纹小样

通常以成品的实际尺寸或缩小的尺寸绘出所要求的花纹。

（2）选择意匠纸

选择意匠纸的主要要求是，使格子的纵边长和横边长的比例与成品织物的纵横比例一致。产品的纵边长：横边长=9：12.5，即 1：1.3，所以应选择 8×11 规格的意匠纸。

（3）将花纹转移到格子意匠纸上

由于花纹小样与成品织物大小不一样，并且意匠纸的格子纵横密度也与成品织物的密度不一致，所以采用的方法是利用画方框法将花纹转移到意匠纸上。

（4）涂色

对各个代表效应的颜色区域填充基本组织或变化组织，用规定的不同色彩对不同的意匠纸上的花纹区域涂色，从而生成多色意匠图。

由以上四个步骤可得经编网眼运动鞋鞋面的意匠图，如图 3-6（a）和（b）所示。

(a) 版型一的意匠图

(b) 版型二的意匠图

图 3-6　运动鞋面版型意匠图

3.3 经编运动鞋面仿真

3.3.1 成圈贾卡计算机辅助系统原理

经编织物 CAD 是从理论上提出一种表示经编针织物的数学模型。通过编程，计算机可以直接接受经编组织并自动将其转化为设定的数学模型；建立了设计经编针织物时对组织及花型进行常规变换的计算方法。利用这些变换可以获得若干全新的经编组织及花型。在该理论的应用上，设计了一个相应的 CAD 系统软件，可在带有彩色显示器的普通个人微型计算机上采用人机对话方式对原始经编组织与花型进行各种变换和修改，并可显示所设计经编织物的花型和模拟色彩效应。

3.3.2 成圈型贾卡的线圈模型

经编网眼鞋面的意匠图完成后，系统可对意匠图上的各个配色进行定义，即不同的颜色指定实际的控制信息。定义完成后，就可以把意匠图转化成可以控制机器编织的花纹文件。下面在 VC++的基础上进行编程以实现贾卡意匠图功能模块的定义。

3.3.2.1 贾卡成圈型线圈结构几何模型

成圈型线圈结构描述如下：成圈型线圈结构主要由圈柱、圈弧及延展线三个部分组成。在建立成圈型线圈结构几何模型时，可作如下假设。

①经编针织物下机定型后，线圈中的两圈柱呈左右对称，线圈圈弧部分为半圆形，其半径为线圈高度的 1/3，线圈末端的圈柱间距为线圈高度的 1/3。

②由于线圈之间的相互牵扯关系，延展线呈直线段状，且与圈柱直线段直接相连。

③闭口线圈与开口线圈的结构相同，且线圈中的纱线粗细均匀一致。

3.3.2.2 几何模型的建立

几何模型的建立，其中以（X_0，Y_0）为原点。

①厚实型的成圈结构的几何模型。如图3-7所示，几何模型由五个点组成，五个点的顺序分别为*A*、*B*、*C*、*D*、*E*。

②稀薄型的成圈结构的几何模型。如图3-8所示，几何模型由五个点组成，五个点的顺序分别为*A*、*B*、*C*、*D*、*E*。

③网眼型的成圈结构的几何模型。如图3-9所示，几何模型由四个点，四个点的顺序分别为*A*、*B*、*C*、*D*。

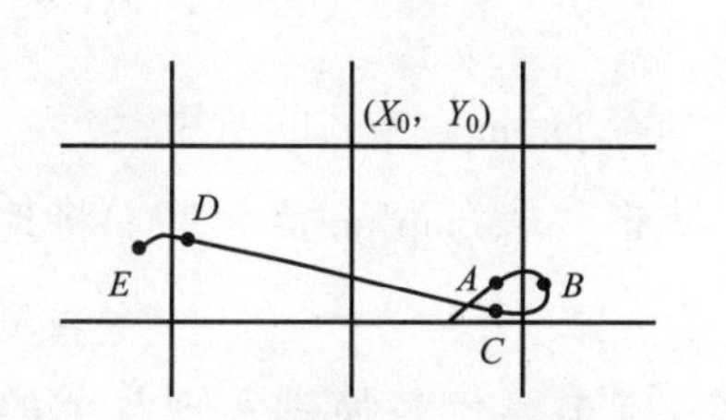

图3-7 厚实型的几何模型

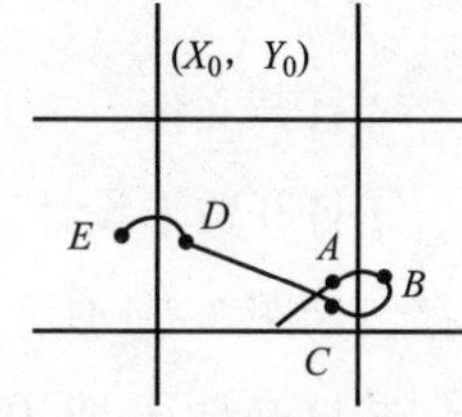

图3-8 稀薄型的几何模型

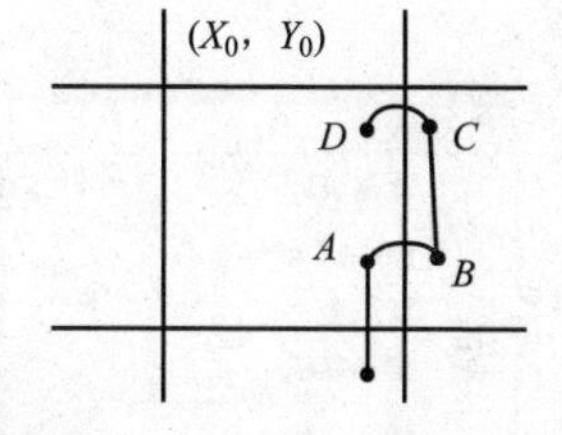

图3-9 网眼型的几何模型

3.3.3 经编运动鞋面仿真的实现

3.3.3.1 贾卡意匠图

成圈型贾卡花纹就是利用贾卡导纱针的提花而形成的，贾卡导纱针在作基本组织垫纱运动的同时，还将根据织物组织设计的情况而决定在某些横列的针背横移过程作侧向的偏移运动，进而形成贾卡花纹。贾卡花纹组织设计图（即贾卡意匠图）决定了贾卡花纹的形成。

当进行贾卡意匠图的颜色定义后，所得的标准贾卡意匠图（即通过颜色定义后，由基本色所构成的贾卡意匠图）才能表述出织物贾卡花纹的厚、薄及网眼等颜色效应，也只有在进行该项工作之后，系统才可以根据由贾卡意匠图转为花纹组织的数学模型进行织物的贾卡花纹仿真。

3.3.3.2 意匠图的处理

此前的意匠图中各颜色仅仅代表某种效应，并没有具体的厚薄等意义。系统对意匠图进行处理后，就可以把花型意匠图转化为可以生产的意匠图。此时，意匠图中各种颜色已经具有相应的意义。本系统中，在VC++的基础上，通过计算机编程，使系统实现了各个代表效应的配色区域填充基本组织或变化组织，进而生成意匠图。

①对意匠图进行扫描，生成 bmp. 格式文件。

②打开 HZCAD，开始设计界面，操作界面如图 3-10 所示。

图 3-10 计算机辅助系统的操作界面图

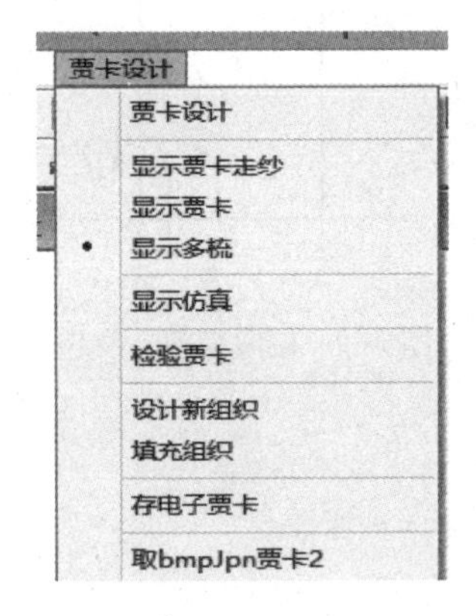

图 3-11 操作界面

③打开文件，打开所存的 bmp. 格式的图片。

④打开贾卡设计，点击"取 bmpJpn 贾卡 2"，将其保存，如图 3-11 所示。

⑤打开贾卡即 JK，点击颜色替换键实现颜色的替换。

颜色替换时，点击贾卡红色模块与意匠图的红色模块对应，点击绿色的功能模块与意匠图中的绿色模块对应，点击黑色的功能模块与意匠图中的白色模块对应。随即会生成处理后的贾卡意匠图。

3.3.3.3 经编运动鞋网眼面料仿真实现过程

由于运动鞋面的不同部位所形成的网眼的大小和分布不同，故形成网眼的方式也不同。为了能形成设计所需要的运动鞋面上的网眼，我们经过小样的测试，得到如下几种网眼分布。

（1）小网眼

小网眼的贾卡意匠图如图 3-12 所示。

用绿色和白色相间，因此这种效应介于薄组织和网孔组织之间，如果使用三针技术，可以形成小网眼效应。小网眼形成的方式如图 3-13 所示，其仿真效果如图 3-14 所示。

（2）较大网眼。较大网眼的意匠图如图 3-15 所示，形成方式如图 3-16 所示，仿真效果如图 3-17 所示，较大网眼上商标的仿真效果如图 3-18 所示。

图 3-12　小网眼的意匠图

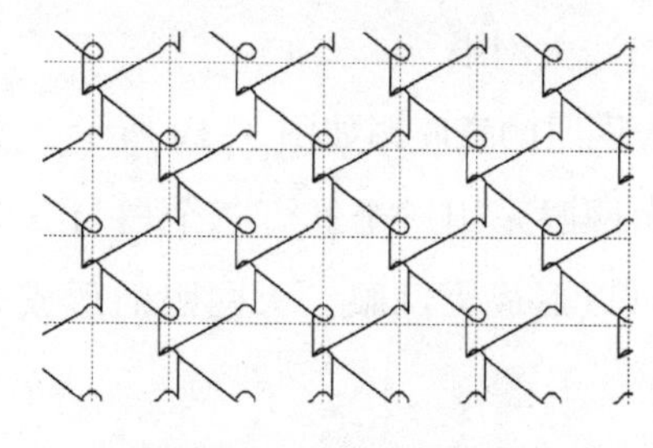

图 3-13　小网眼形成方式

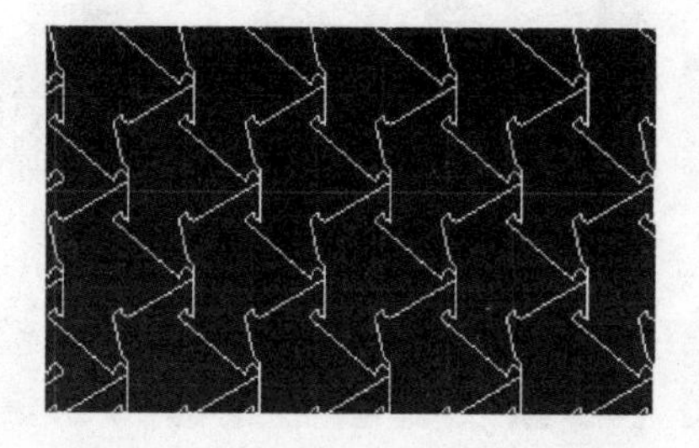

图 3-14　小网眼的仿真效果图

图 3-15　较大网眼的意匠图

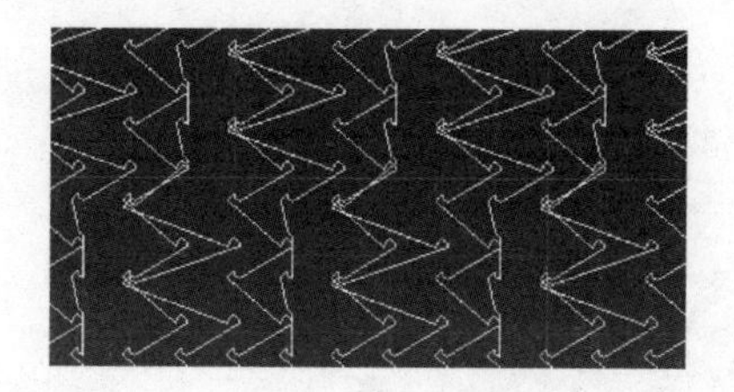

图 3-16　较大网眼形成方式

图 3-17　稀薄网眼仿真效果图

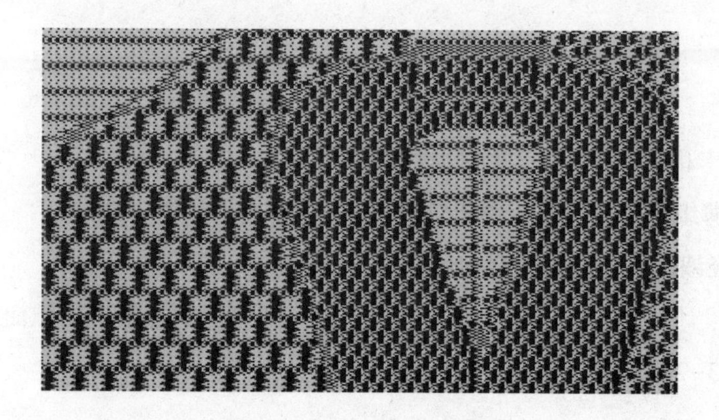

图 3-18　商标的仿真效果图

（3）大网眼

大网眼的意匠图如图 3-19 所示。

大网眼采用三个红、三个白与三个绿的贾卡意匠图，依次按这样的规律重复，可以形成大网眼，大网眼的形成方式如图 3-20 所示，仿真效果如图 3-21 所示。

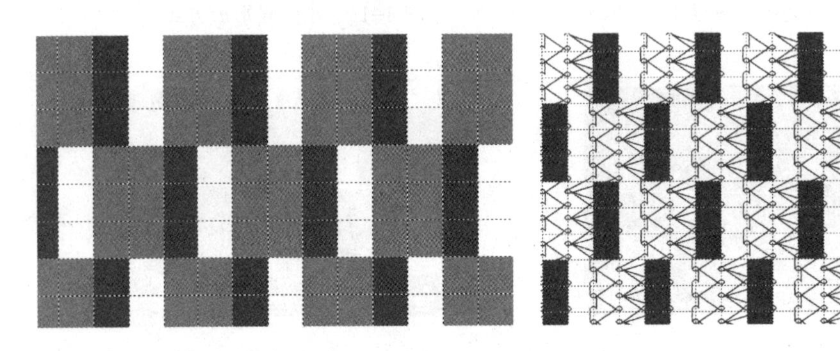

图 3-19　大网眼的意匠图

图 3-20　大网形成方式

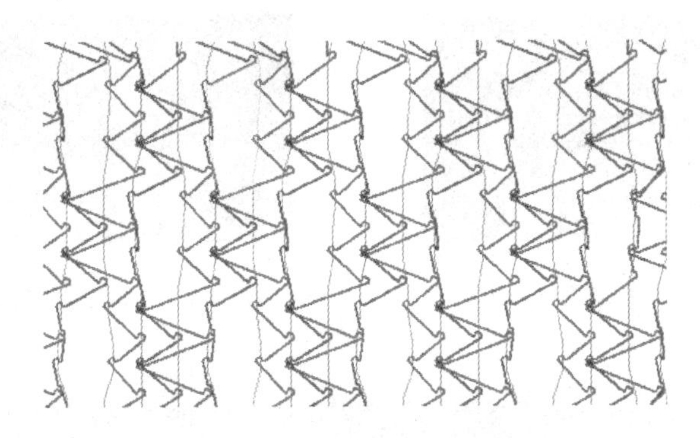

图 3-21　大网眼仿真效果图

（4）贾卡稀薄组织

贾卡稀薄组织的意匠图如图 3-22 所示，仿真效果如图 3-23 所示。

3.3.3.4　经编运动鞋网眼面料的仿真效果图

在贾卡设计功能模块点击显示仿真效果图，即可得到经编运动鞋面料的仿真效果图，如图 3-24 所示。

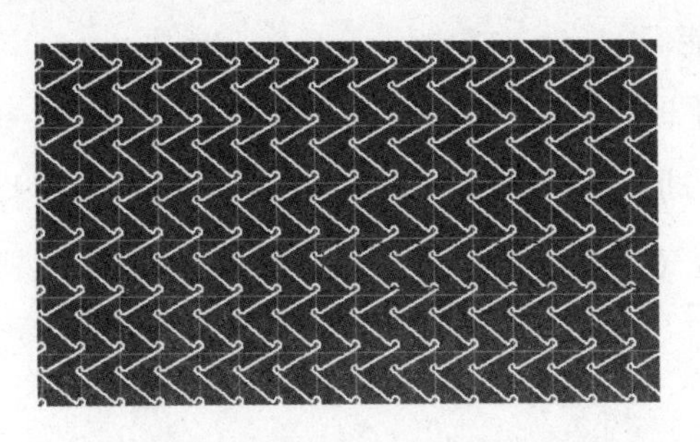

图 3-22 贾卡稀薄组织的意匠图

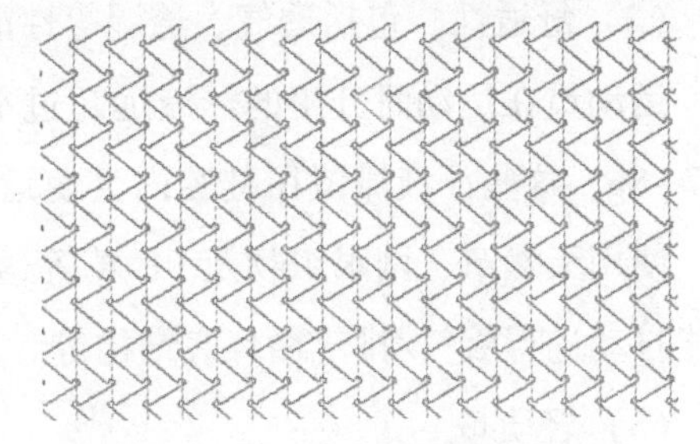

图 3-23 部分面料的仿真效果图

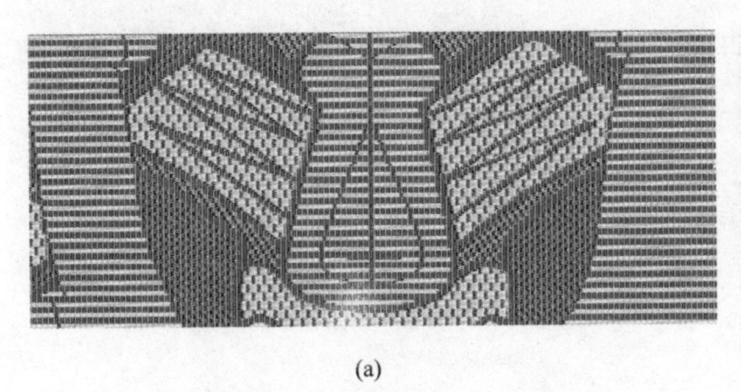

(a)

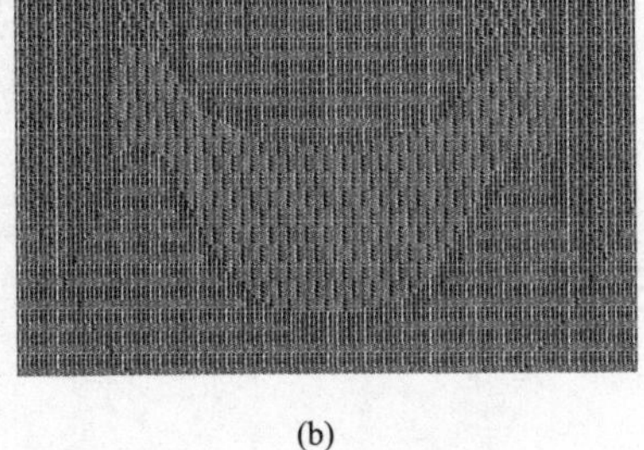

(b)

图 3-24 经编运动鞋面料的仿真效果图

3.4 运动鞋面发展趋势

(1) 高技术的引入

随着计算机的发展，计算机辅助系统在运动鞋的设计占据了越来越重要的地位。CAE 分析技术的应用，可缩短运动鞋开发周期，降低生产成本，保证产品质量。经编 CAD 系统，使得经编针织物的仿真可以不经过织造过程，便能以最快的速度将织物逼真地展现在设计者眼前。设计者可以根据需要反复进行修改，选择不同的组织和纱线，无须实际的生产过程，就可在屏幕上观察织物的效果或通过打印机输出布样仿真图，节约了生产成本，缩短了生产周期。只有不断地完善和开发计算机辅助技术在设计中的作用，才能进一步满足和引导消费需求。高科技含量产品的市场转化能有效提升产品的信誉和公司形象。

（2）舒适性。包括透气、透湿等性能

运动员在运动时分泌的汗液远超过平时，每天排出的汗液约 20g，而常人一般为 7~8g，这些汗液滞留在鞋腔内会使运动员感到不适。改进措施：一是从材料着手，使用天然革、网眼织物及 PU 革等透气性好的帮材；二是从结构方面入手，采用能自动进行吸气/排气循环底结构等。

（3）轻质量

运动员运动时体能消耗较大，要求尽量减小体重外的负荷，因此要在确保牢度的前提下减小鞋的质量。国外早已对运动鞋质量规定了上限，我国从 20 世纪 90 年代起也规定胶料密度的上限。例如，运动鞋中广泛采用 PU 革微孔底减小运动鞋的质量。

3.5 小结

本文通过对运动鞋面料的介绍，对比分析了不同材料和组织形式对运动鞋性能的影响，开发设计了一款经编运动鞋鞋面。

①设计开发的经编运动鞋面料，在鞋面和鞋帮处的网眼较大，运动鞋的透湿性和透气性较好。连接部位也配有网眼，增加了透气性。合成纤维较强的力学性能保证了鞋面的尺寸稳定性和耐磨性。

②通过建立几何模型，在 VC++的基础上实现对成圈贾卡计算机辅助系统的意匠图颜色的定义，并对开发和设计的经编网眼面料进行仿真。一方面计算机辅助系统可以进行快速准确地仿真，可以预知鞋面的效果，可以根据效果图进行修改和完善；另一方面，计算机快速的仿真能极大地缩短产品设计周期，减少材料的浪费，为企业减少生产成本，提高经济效益。

③计算机技术发展速度较快，经编 CAD 技术为经编行业带来勃勃生机，也为现代经编行业带来一场深刻的革命。作为经编 CAD 软件的开发人员，也将与时俱进，不断对软件进行升级，以满足经编企业的需要。

第4章　双针床提花连裤袜

4.1　概述

连裤袜又称袜裤、紧身袜或丝袜裤，连裤袜在英语中意味着短裤与长袜的组合(pantyhose=panty+hose)，是紧包从腰部到脚部躯体的服装。它是当今世界办公室中的一道标准装束，被视作一种专业的女性服装形式。20世纪60年代，英国设计师玛丽·奎恩设计的超短裙风靡全球。裙子越来越短，高筒袜相形见绌，吊带袜被抛弃。袜子与内裤成为一体，由此连裤袜诞生。它的舒适和方便性令全球女性对它青睐有加，这一款型经久不衰。无论是春夏还是秋冬，街头巷尾都可以寻觅到这种连裤袜（图4-1）。

图4-1　连裤袜

连裤袜由最初的厚实、保暖发展到当今的柔软、时尚、性感。并且随着生活风格的改变，在质地和花型设计上变得丰富多彩，使得更加合乎女性活泼的生活。尤其随着女性中的迷你裙、短裤的发展，使得人们更加重视腿的美观，但是很多女性腿并不是很完美，可能意外出现的疤痕、腿的变形，而连裤袜包裹人体，紧贴身体，遮盖了腿的不足，显现人体的美，因此连体裤袜将与时代同行。

4.1.1　连裤袜的组成

连裤袜由裤腰、裤身、裤裆、袜筒、前后片接缝、袜尖、袜头和分割区八个部分组成，如图4-2所示。一条提花连裤袜的完全组织宽度为120~200针，在设计时，要考虑袜筒的宽度变化，不能靠收针来改变袜筒的宽度。为了避免袜尖与裤身的宽度大小相同，出现不美观的现象，需要改变其卷曲密度来调节袜筒的宽度。

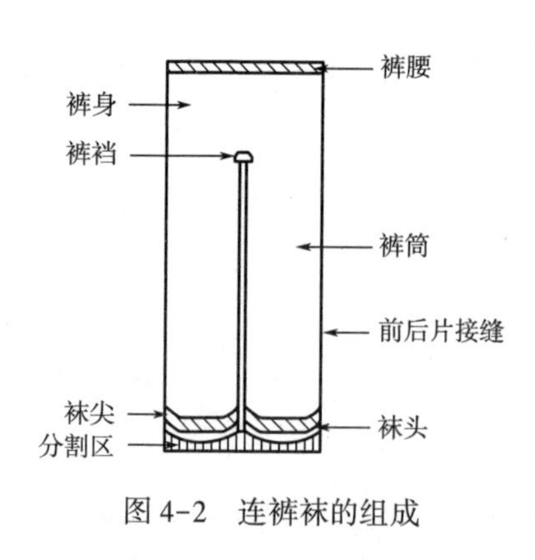

图 4-2 连裤袜的组成

整个编织过程中，袜尖处的密度最大，裤身密度最小。脚掌和连裤袜反面的裤身处为臀部，穿着时所受的摩擦较频繁，在处理工艺时需要做单独的处理。如将密实组织设定在臀部处，以提供支撑、耐摩擦作用。脚掌处不采用网眼组织，全部采用稀薄组织，以提供一定的支撑作用。在形成裤身圆筒和两支袜筒时，需要解决前后片的接缝问题；裤裆处除了采用一般的接缝组织外，还要有加固措施，为便于分割，在分割区采用编链组织。

在确定了连裤袜纹样的主体部分后，还需要考虑连裤袜各种组织结构的搭配，以符合人体解剖学构造，使织出的提花连裤袜足部窄小，大腿部分稍宽，另外膝盖部位能保证整个腿部的运动自如。所以一般的结构设计是最上部（腰部）弹性较强，覆盖臀部的组织和脚掌处的组织要比腿部厚，因为此两处经常被摩擦，而腿部一直到脚部进行提花设计。

4.1.2 连裤袜的作用

连裤袜的多种功效使其一直深受广大女性的欢迎，如其夏日的防晒作用，如果不采取防护措施，露在外面的脸部、手臂、腿部，很容易被晒黑晒伤，如果穿上一双丝袜，可以极大地减少照在腿上的阳光强度，起到防护作用，且具有防止静脉曲张的作用。人是直立行走的，由于地球的引力作用，腿部静脉所承受的压力，要远远大于身体的其他部位，所以很多人腿部容易出现静脉曲张现象。连裤袜能人为地给腿部施加一定的外力，就可以防止或减少腿部出现静脉曲张现象。另外，长期从事站立工作的人，由于腿部长时间处于较低的位置，容易出现水肿现象，穿丝袜就相当于从腿的外面给腿施加了一定的压力，就可极大地减轻腿部水肿现象。

4.1.3 原料选择

提花连裤袜所用的原料以化纤长丝为主，其中锦纶、氨纶应用得较多。含有氨纶的连裤袜优点众多，如穿脱顺利、松紧适度、不滑脱、保形、塑身、轻薄美观等，并且被拉伸后所产生的变形能在较短时间内几乎完全回复，从而紧贴人体，避免了下滑的现象出现。含有锦纶丝的连裤袜，具有手感较好、光滑、凉爽、轻便的优点。地组织和提花组织一般采用较粗的锦纶包芯丝，是用锦纶丝包覆或卷绕在氨纶丝上形成的包芯丝，除具有锦纶丝柔软、透气性能好的特性外，还具有氨纶高弹性的优点，保持连裤袜弹性、塑形的属性，能够很好地束缚住腿部的赘肉。在无缝提花连裤袜的生产中，莱卡以其卓越的弹性特征，无论采用怎样的生产工艺，均能够满足其实际需要，赋予衣物舒适、合体且美观耐用等优良特性。连裤袜所用原料，从3旦（非常少见，极薄，近乎全透明）到20旦（标准厚度）、30旦（半透明），再到40旦、80旦、120旦（不透明），旦是指袜子纤维的细度单位（1tex＝9旦）。一般夏天可选用超薄的5~40旦，春秋季节可选用50旦、80旦、120旦、150旦，冬季可选用300旦以上特厚保暖的天鹅绒袜。

4.2　连裤袜设计

提花连裤袜的面料多为素色，常以块面、点缀或满花的形式出现，装饰格局比较自由，对称的、平衡的、散点的均较为常见，能较好地体现人的个性和休闲的需要。连裤袜中单元纹样的造型是花型最基本的组成部分，是设计者的主观想象在裤袜上的表现，单元纹样是具有比较完整而又独立性很强的纹样形式，设计者根据自己的审美情趣和形式美法则，将一些自然景观进行变形和改造，从而构成具有美感的新形象。

4.2.1　设计灵感来源

优秀的设计离不开好的选材，自然界中的植物、动物是应用较为广泛的题材。花型图案的提花在设计中灵活性强，适应性广，和女性的天然淡雅的品质相呼应。动物图案如蝴蝶、蜜蜂、熊猫等活泼可爱的图形体现出女性的活泼好动、个性、优雅的品质。图4-3所示的图形为蝴蝶和牡丹图案的组合，牡丹是中国的国花，蝴蝶犹如花中的仙子，两者互相搭配，犹如展开一幅春景——牡丹争艳，蝴蝶翩翩起舞。动静结合，一派生机勃勃的景象跃然心头。

图 4-3　蝴蝶牡丹动静结合图

4. 2. 2　连裤袜花型外观设计

纬编无缝织机不同的路数可以喂入不同颜色的纱线，形成多彩的花色效应。而经编机将一把分离式贾卡梳作为两把提花梳栉使用，每一把提花梳栉穿一种颜色的纱线，因此经编无缝产品最多只能形成两色提花效应。但通过两把提花梳栉组织结构的组合，可以变化出多种外观效果，根据身体各个着装部位的需要使用相应的设计方法，展现出形体曲线美。图 4-4 所示（彩图见封二）是一款经编双色提花连裤袜，顺着腿部曲线变化，使用黑色和红色两种纱线形成或厚实或轻薄或网眼的花纹。该双色连裤袜的局部效应如图 4-5 所示（彩图见封二），红色纱线做主体花纹时，黑色纱线作为勾勒主体花纹轮廓的陪衬花纹编织，使红色部分花型更加突出，立体感更加强烈。

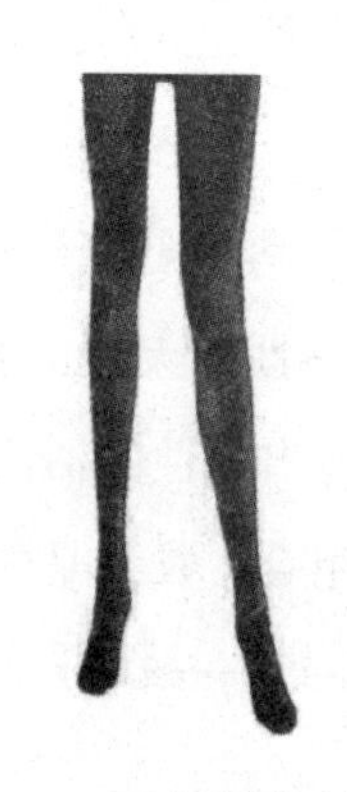

图 4-4　双色提花连裤袜

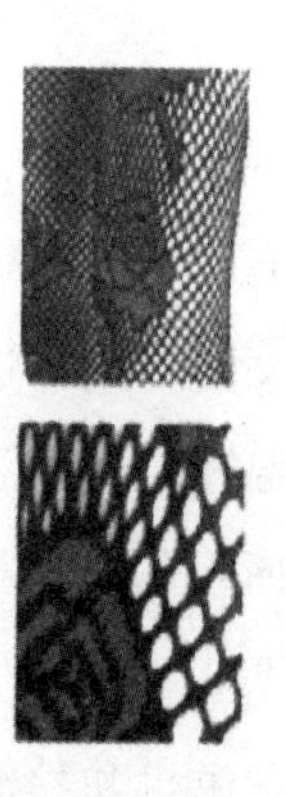

图 4-5　局部图

4.2.3　连裤袜花型组合设计

单元纹样的组合和变换可构成角隅纹样、二方连续纹样和四方连续纹样三种形式。角隅纹样是在 90°直角空间中安置形态，两直角边适形变体，另一边较自由所组成的纹样形式，一般装饰在腰部走右上角。二方连续纹样是指以单元纹样为基础，以一个循环单元的纹样沿水平或竖直方向重复排列形成具有连续性以及节奏感和秩序感的花型。四方连续是指用一个或者几个相同或不同的单元纹样，在规定的范围内排列在画面上，使上下左右均能向外延伸，连续衔接起来，形成一个完整的整体。图 4-6 是二方连续和四方连续纹样的示意图。

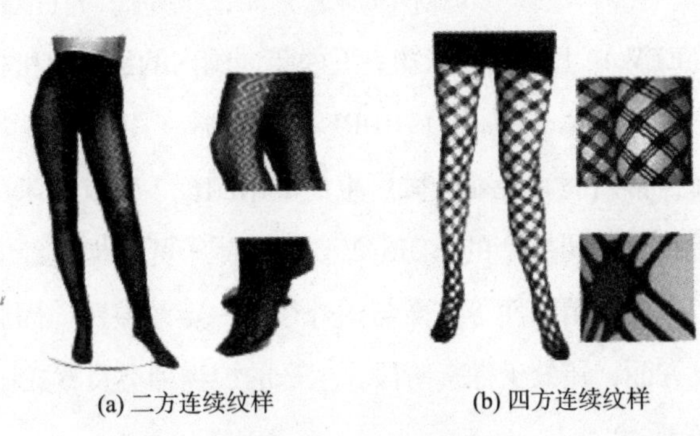

(a) 二方连续纹样　(b) 四方连续纹样

图 4-6　花型布局图

连裤袜有其独特的功能，图案应与其功能服务相配合。秋冬季穿的连裤袜应给人以温暖的感觉，多选择用厚组织进行图案装饰，给人以视觉感光和心里联想上起到暗示的作用，如图 4-7 所示。春夏季穿的连裤袜则要给人以清凉明快的感觉，图案花纹简单，装饰手法干净，如几何线条、网眼等装饰的手法，如图 4-8 所示。

图 4-7　秋冬图案

图 4-8　春夏图案

4.3 连裤袜的生产设备——双针床经编机

4.3.1 双针床经编机的发展现状

4.3.1.1 我国研究现状

我国涉足经编连裤袜产业的时间比较迟，在设备方面，我国企业大部分采用进口的无缝设备，主要机型有 HDRl0EHW、DRl0. 16EEW、HDRJ6/2NE（EEW）等机械式送经、横移和贾卡装置。在对无缝织物的形成研究方面，主要探讨在双针床多梳经编机或机械式 HDRJ6/NE（EEW）上生产的织物。近两年，国内的经编机机械织造厂商已经成功开发出与德国卡尔迈耶（Karl Mayer）RDPJ 系列机器（用于经编无缝织物）具有功能相似的机型。例如，常州润源经编机械厂生产的 RDT6/2 型双针床贾卡提花经编机以及杭州中远纺织机械有限公司生产的 RDJ6/2 型的双针床贾卡提花经编机。但在机器的速度、性能以及贾卡的提花精确性等方面与国外还有一定的差距，因此，对新型的无缝连裤袜的形成及研发方面，还处于探索阶段，生产的织物种类及款式比较有限。

4.3.1.2 国外研究现状

在双针床经编机无缝织物研究方面，德国卡尔迈耶已经生产了 HDRl0EHW、DRl0. 1 6EEW、HDRJ6/2NE（EEW）一系列无缝设备，而且在产品的开发和生产上已经有相当多的研究。德国卡尔迈耶设在日本福井的 Nippon Mayer，负责生产带有压电陶瓷贾卡装置的 RDPJ 系列机器，主要用于生产无缝连裤袜服装。经过长时间的改进，该系列机器的操控性能、效率和质量都已渐入佳境。此系列中的各机型依据配有导纱梳栉的不同，分为 RDPJ6/2、RDPJ4/2 和 RDPJ2/2。其中 RDPJ2/2 工作幅宽为 350cm（138 英寸），机号 *E* 为 24，机器的速度达到 350r/min。2007 年 1 月起，德国卡尔迈耶已大量生产此机器，并且已经在欧洲制造商的工厂中成功运行。2008 年 9 月，上市一款小型的双针床拉舍尔经编机，机型为 DJ4/2，幅宽为 100cm（42 英寸），运行速度可以达到 1000r/min，对新入袜品行业的公司来说 DJ4/2 经编机是个理想的选择。随着机器速度的提高和性能的优化，开发了性能增强型的 T 恤衫和短裤，以及任何一款女式服装，其中包括手套、女装、紧身衣及带有袜头的耐磨型连裤袜。米兰北部的 Cifra Spa 拥有世界上最多的高速双针床经编机，生产领先的网眼袜、新颖图案的连裤袜及无缝内衣。

RDPJ系列经编机是德国卡尔迈耶公司研发的专门用于生产经编无缝织物的机型，其中RDPJ6/2是配置了Piezo贾卡装置的新型双针床贾卡经编机，它有两个针床，六把梳栉。本文介绍RDPJ6/2双针床贾卡经编机，连裤袜的花型也是通过贾卡梳的左右偏移与地梳的相互结合形成的，下面主要介绍其基本结构及成圈工艺。

4.3.2　双针床经编机的结构

连裤袜是在RDPJ6/2型双针床贾卡经编机上编织的，RDPJ6/2的成圈机件如图4-9所示，该机构的基本工艺参数是：机号 E 为24，工作幅宽为330cm（130英寸），针床、沉降片床、脱圈板以及分离的Piezo贾卡梳均为2个，地梳为4把（GB1、GB2、GB5、GB6）。通过EBC型电子送经机构和EAC型电子牵拉机构，来实现线圈密度和送经量的变换，获得三维立体效果的无缝连接编织时，其中两把地梳不使用，另外两把地梳分别在前后针床织编链，而两把贾卡梳（JB3、JB4）的绝大多数针分别在前后针床上垫纱，形成连裤袜的前、后片大身，只有其中个别几枚

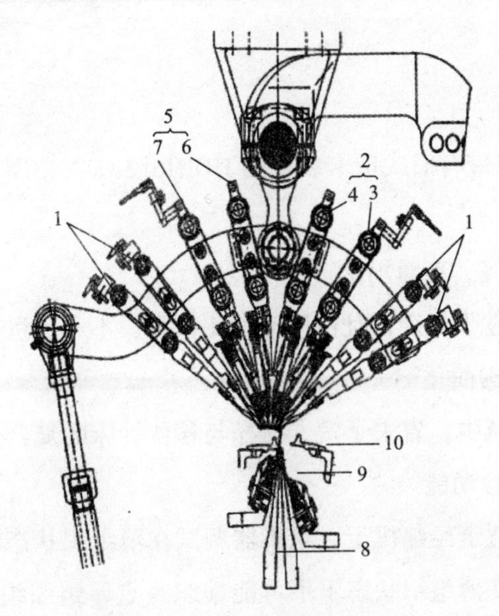

图4-9　贾卡经编机结构示意图

1—地梳（GB1、GB2、GB5、GB6）　2—贾卡梳（JB3）　3—分离贾卡梳JB3.1
4—分离贾卡梳JB3.2　5—贾卡梳JB4　6—分离贾卡梳JB4.1
7—分离贾卡梳JB4.2　8—脱圈板　9—织针　10—沉降片

导纱针兼在前后针床上垫纱，形成侧边连接以及加固组织。所有6把梳栉的横移运动都由编花凸轮盘控制。3把地梳和2把贾卡梳都采用了自由落地的经轴供纱，经轴架由6个直径为762mm（30英寸）的分段式经轴组成，每个经轴都使用EBA电子送经系统。在正常编织时，两针槽板之间的距离为0.8mm左右，目的是前后针床连接处的织物密度与大身密度一致。前后针床每成圈一次，梳栉来回摆动三次。表4-1为该经编机的主要工艺参数。

表4-1　RDPJ6/2机器主要工艺参数

项目	工艺参数
工作幅宽	350cm（138英寸）
机号	24
转速	350r/min
成圈机件	4把地梳，2把贾卡梳，2个脱圈板和2个沉降片床
送经机构	EBC型电子送经机
横移机构	N型横移机构，6条横移工作线
牵拉机构	EAC型电子牵拉机构

4.3.3　设备性能比较

RDPJ系列机型与带有旧式贾卡装置的HDRJ6/2NE（EEW）相比，在性能上具有以下优点。

（1）机器速度提高，产量增加

机械式贾卡装置过于复杂，且占用空间比较大，不利于机器速度的提高。

（2）提花横移机构简化

维修保养工作量减少，省去了贾卡梳栉与移位针床的复合运动。

（3）厚薄组织兼容功能

在机械式双针床贾卡经编机上，当机器调试在薄组织状态时，除非更换移位针床的横移花盘，否则在薄组织状态下不可能编织一点厚组织织物。在RDPJ系列双针床贾卡经编机上，无须更换任何机构，只需更改计算机内的花型信息，在一件产品上可以兼容厚、薄两种组织。

4.3.4　成圈过程

RDPJ 系列经编机是由各个成圈机件相互间的配合运动来实现的。成圈机件包括舌针、栅状脱圈板、沉降片、导纱针和防舌自闭钢丝。舌针的上下运动由位于油箱中的共轭凸轮控制传动，脱圈板的摆动由偏心连杆机构控制，梳栉摆动和摇架摆动都由偏心连杆机构控制。主轴一转，即编织一个横列，导纱针轮流在两个针床上各完成一次成圈循环。以下分析在普通双针床经编机上织物的成圈过程，如图 4-10 所示。

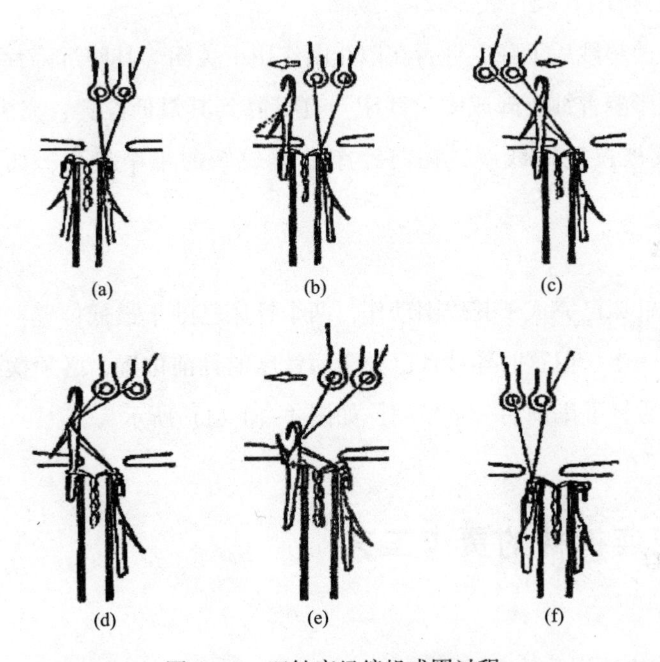

图 4-10　双针床经编机成圈过程

（1）开始

在一成圈循环开始前，两组舌针床均处于最低位置。其针头均低于栅状脱圈板水平位置，导纱梳栉在中央位置并正向前针床针背摆动，为前针床针前垫纱而后进行针背横移运动。前沉降片床向机后运动进入工作区，准备在前针床上升时阻止线圈随舌针上升，如图 4-10（a）所示。

（2）前针床舌针退圈

成圈循环开始时，前针床舌针升起进行退圈，旧线圈在沉降片作用下滑落到针杆上。其间针舌被旧线圈打开，防针舌自闭钢丝进入作用；梳栉也已完成了针背横移并由向机后摆动转为向机前摆动，准备对前针床进行针前垫纱横移，如图 4-10（b）所示。

（3）前针床针前垫纱

前针床舌针相对静止于最高位置，梳栉摆至前针床针前对前针床作针前垫纱，横移后摆回至前针床针背，完成了前针床针前垫纱，经纱绕在针舌上方位置，如图 4-10（c）（d）所示。

（4）前针床闭口、套圈、弯纱、成圈

前针床针前垫纱后下降，针舌在旧线圈作用下关闭。其间沉降片向前移退出工作位置，以免影响舌针下降成圈。针床一直下降到其最低位置，完成脱圈和成圈。新垫上的纱线被拉过旧线圈，在前针床上形成新的半个横列，如图 4-10（e）所示。

（5）完成

至此，前针床已完成了其成圈动作，两个针床已处于最低位置，这完成了整个成圈循环的前一半。但这时导纱针已处于后针床的针前位置，必须摆到机前位置以准备在后针床舌针上编织后一半横列，如图 4-10（f）所示。

4.4 提花连裤袜的贾卡工艺

4.4.1 双针床垫纱运动的表示

双针床贾卡工艺中每个提花单元（4 个横列）使用 8 个控制信号来控制贾卡梳的偏移，即贾卡系统中每个横列使用 2 个控制信息。第一个控制信息决定针背垫纱是否偏移，第二个控制信息决定针前垫纱是否偏移。也就是说，意匠图上一个颜色点需要 8 个控制信息，分别控制前针床奇数横列针背和针前垫纱的偏移，后针床奇数横列针背和针前垫纱的偏移，前针床偶数横列针背和针前垫纱的偏移，后针床偶数横列针背和针前垫纱的偏移，如图 4-11 所示。

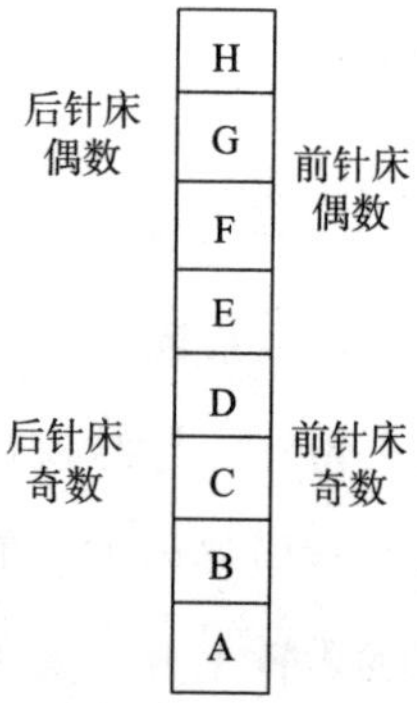

后针床偶数 H G 前针床偶数 F E
后针床奇数 D C 前针床奇数 B A

图 4-11　双针床贾卡意匠小方格图

4.4.2　连裤袜的基本组织

PDRJ6/2 型双针床贾卡经编机采用的是三针贾卡选针技术，进行成圈型提花来构成整个无缝提花连裤袜的各个部分。双针床经编机各把梳栉垫纱基本组织如下：

GB2：0-1，1-1/1-0，1-1//　满穿　　JB3：1-0，1-1/1-2，1-1//　满穿

JB4：1-1，1-2/1-1，1-0//　满穿　　GB5：1-1，1-0/1-1，0-1//　满穿

当贾卡提花针 JB3 作基本垫纱运动即作两针衬纬时，所形成织物效应为稀薄组织；当 JB3 编织前片时，在奇数横列发生向左偏移运动即作单针衬纬时，所形成织物效应为网眼组织；当 JB3 在偶数横列发生向左偏移运动即作三针衬纬时，所形成织物效应则为密实组织。

当 JB4 编织后片时作基本垫纱运动即作两针衬纬时，形成的是稀薄组织；当在奇数横列发生向右偏移运动即作单针衬纬时，形成的织物效应是网眼组织；当在偶数横列发生向右偏移运动即作三针衬纬时，形成的织物效应是密实组织。密实、稀薄、网眼三种组织分别对应于双贾卡 CAD 系统中的红色、绿色、白色意匠格。为了表示方便，前针床的色号前加上字母“F”，后针床的色号前加字母“B”。从机前位置观察可看到，JB3 提花针向左偏移，JB4 提花针向右偏移，其针隙间的编号从右向左依次均为 0、1、2、3…双针床经编机基本组织垫纱运动见表 4-2。

表 4-2　双针床贾卡经编机基本组织垫纱运动

梳栉	稀薄组织	网眼组织	密实组织
JB3	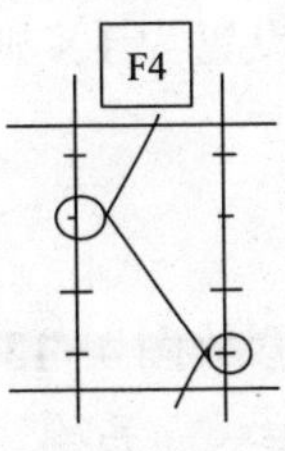 F4	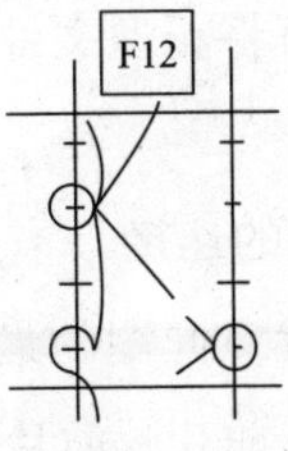 F12	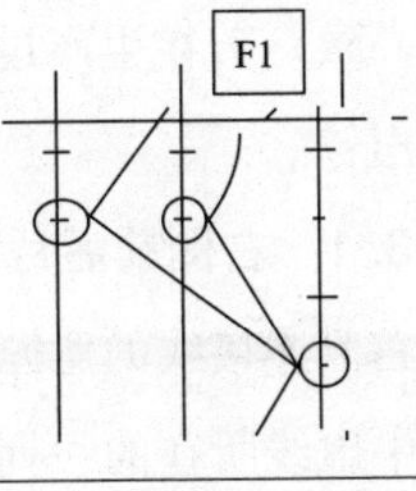 F1
JB4	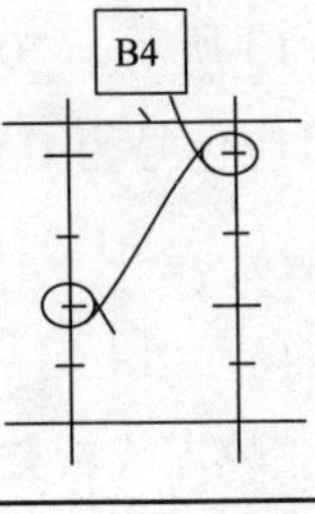 B4	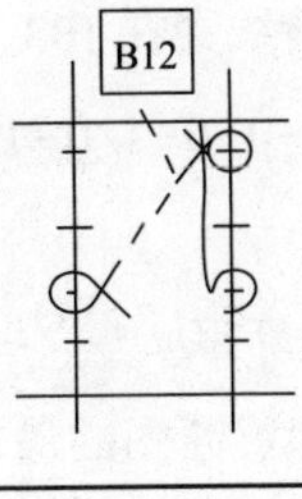 B12	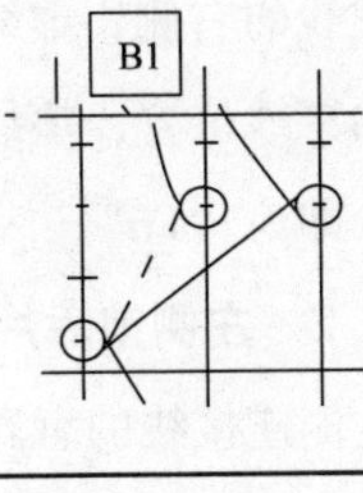 B1

4.4.3 提花连裤袜基本组织的连接

由于连裤袜的前后片是重叠在一起的，不方便观察与分析，因此，将连裤袜从后片中间处剪开，展开成一个平面图，如图 4-12 所示（虚线表示剪开线；实线表示左右接缝处）。右侧连接组织的位置为“0”针隙，此线左侧的前片组织自右向左针隙编号依次增加，此线右侧的后片组织自左向右编号依次递增。左侧连接组织的位置是“最高编号”针隙。以最远离左侧接缝针隙的垫纱位置为“0”针隙，然后逐步增加到接缝处，从而确定接缝处的编号。

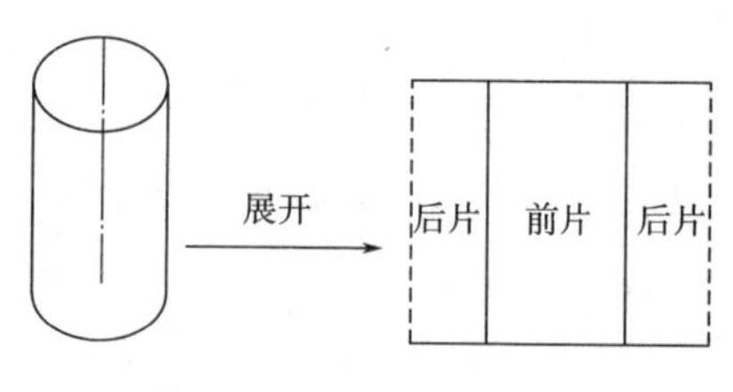

图 4-12　连体裤袜展开图

由于连裤袜的前后片由 3 种基本组织构成，稀薄组织、密实组织和网眼组织，而网眼组织无须连接信息，所以只有稀薄组织和密实组织的连接信息。

设计好的花型生成花型文件控制信息，这种按照实际的效应层次转化的控制信息称为 $RT=0$。RT 参数是指拉舍尔技术参数。在花型设计时，必须按照 $RT=0$ 进行设计；实际上想要生产与颜色效应相对应的产品，必须让拉舍尔技术参数 $RT=1$，这是因为织物在偶数横列偏移时，其效应总是滞后一个纵行，因此，前针床对应的意匠图，必须将偶数横列的控制信息自动向右偏移一纵行；后针床对应的意匠图，必须将偶数横列的控制信息自动向左偏移一纵行，从而使生产的织物与花型设计效应相一致。若在生产过程中，没有将花型文件的机器参数设置为 1，则生产的花型就会出错。

4.4.3.1 右侧前后片薄组织之间的连接

右侧连接线的意匠信息在前片意匠图的最右侧一纵行，故图 4-13 垫纱运动展开图中虚线所在的一列意匠格属于前片，前片垫纱信息在虚线的左侧，后片垫纱信息在虚线的右侧，虚线折叠处的纱线穿在 JB3 上。如图 4-13 所示，“0”针隙为连接线的穿纱位置，垫纱数码为：0-0-0-1/0-1-0-0//，对应色号为 CAD 系统中的 6#色，即为“F6”。

4.4.3.2 左侧前后片稀薄组织的连接

左侧连接线的意匠信息在后片意匠图的最左侧一纵行，故虚线折叠处的穿纱位置在 JB4 上。如图 4-14 所示，针隙的垫纱位置是编织左侧边前后片连接组织的

“最高编号”的织针针隙。连接线的垫纱数码为：1-0，1-1/1-1，1-0//，对应色号为 CAD 系统中的 6#色，即为“B6”。

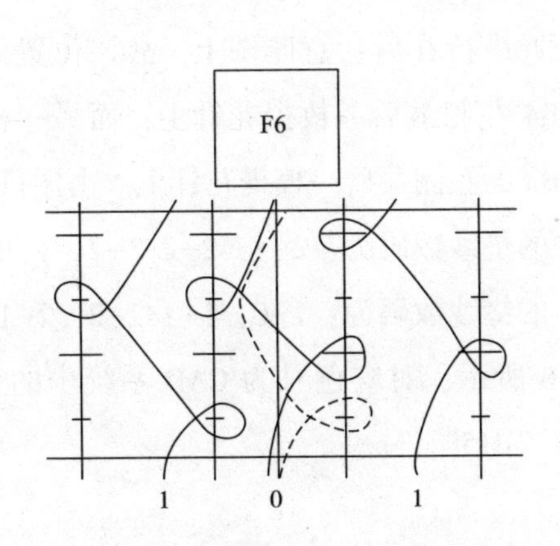

图 4-13　右侧前后片薄组织连接

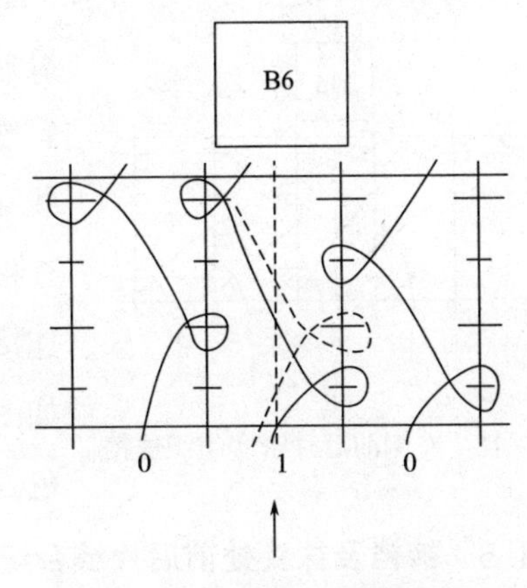

图 4-14　左侧前后片薄组织连接

4.4.3.3　右侧前后片密实组织的连接

右侧前后片密实组织之间的连接线有 2 条，即作用于 2 枚织针上，一根用来连接前片，穿在 JB3 上，一根用来连接后片，穿在 JB4 上。如图 4-15 所示，虚线折叠处的意匠纵行在前片意匠图上，故该位置处的穿纱在 JB3 右侧最后一枚提花针上；而另一根纱线穿在 JB4 的右侧最后一枚提花针上。由图可知，连接前片的垫纱数码为：0-0，0-1/1-2，0-0//；连接后片的垫纱数码为：1-1，1-2/0-1，0-0//。如图 4-15 所示，对应色号为 CAD 系统中的 15#色，即为“F15”。

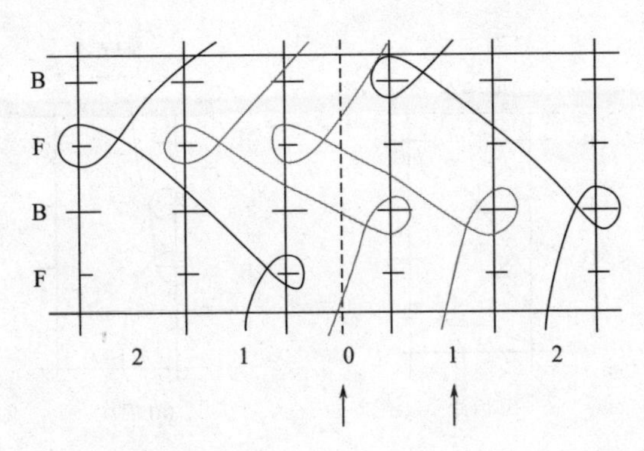

图 4-15　右侧前后片密实组织连接

4.4.3.4 左侧前后片密实组织的连接

左侧前后片密实组织之间的连接线也有 2 条，即作用于 2 枚织针上，一条用来连接前片，穿在 JB4 上，另一条用来连接后片，穿在 JB3 上。如图 4-16 所示，虚线折叠处的意匠纵行在后片意匠图上，故该位置处的穿纱在 JB4 左侧最后一枚提花针上；而另一根纱线穿在 JB3 的左侧最后一枚提花针上。由图可知，连接后片的垫纱数码为：2-1，2-2/2-2，1-0//；连接前片的垫纱数码为：1-0，1-1/2-2，2-1//。如图 4-16 所示，对应色号为 CAD 系统中的 15# 色，即为“B15”。

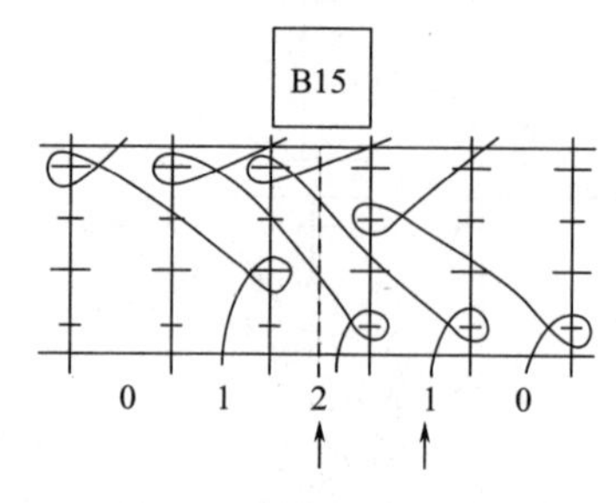

图 4-16　左侧前后片密实组织连接

4.4.3.5 裤裆及袜头处前后片缝合组织

裤裆处的缝合一般为 2 个纵行 8 个横列或 3 个纵行 3 个横列。前片的垫纱组织如图 4-17（a）所示，对应于 CAD 系统中的 2#色，即为“F2”；后片的垫纱组织如图 4-17（b）所示，对应于 CAD 系统中的 2#色，即为“B2”。

4.4.3.6 分割区组织

分割区采用前后片相互抱合的编链组织编织而成，织物下机后剪断编链即可形成一条完整的连裤袜。图 4-18（a）所示为前片组织，对应色号为 CAD 系统中的 6# 色，即为“F6”；图 4-18（b）所示为后片组织，对应色号为 CAD 系统中的 6#色，即为“B6”，偏移信息均为 HTHTHHHH。

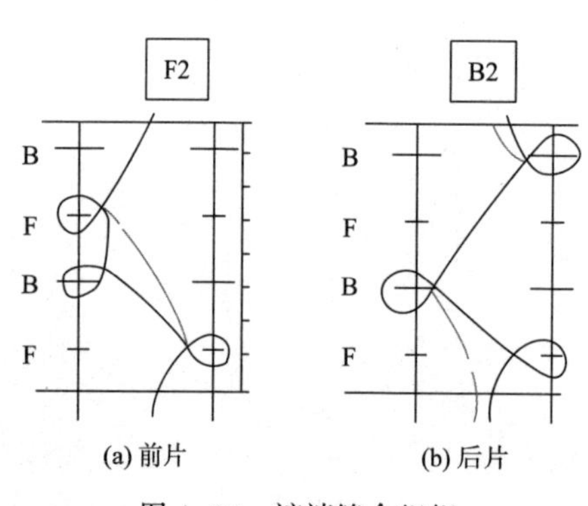

(a) 前片　(b) 后片

图 4-17　裤裆缝合组织

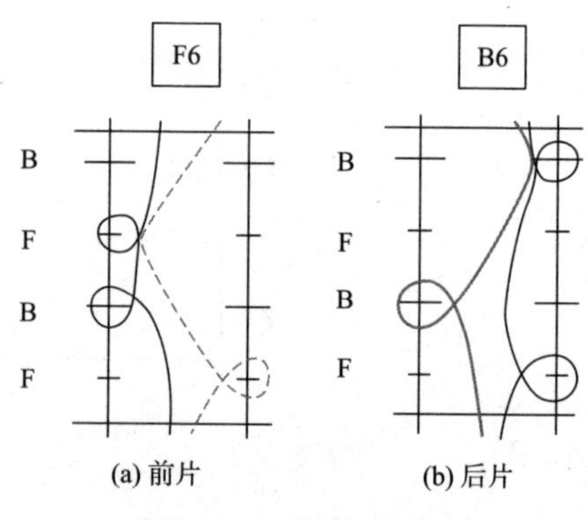

(a) 前片　(b) 后片

图 4-18　分割区组织

4.5　双贾卡 HZCAD 的运用

4.5.1　双贾卡 HZCAD 系统简介

本小节绘制的意匠图是通过双贾卡 HZCAD 系统绘制出的，该系统由武汉纺织大学经编研究中心开发，具有图像编辑的特点，又具有工艺处理的特点。该系统能够将扫描的原始花型图转化为花型意匠图，而且具有花型双面同时编辑功能，可以对设计完成的花型进行仿真。设计完成后，能生成花型数据，直接控制贾卡产品上机。它的基本功能包括文件处理、图像绘制处理、贾卡设计、数据输出、织物仿真等方面。

4.5.2　图像的处理

4.5.2.1　图像的采集

由于贾卡花纹是应用贾卡三针技术，它的每一个最小可变化单位是两针，花纹表现形式属于模糊效应。为了配合双针床贾卡机的这一生产特点，在选用摄取图像像素的级别上，采用了最低的 50 像素。图 4-19 所示为处理前的原图。在进行扫描前，应该预先将需要区分图案的线条进行清描，用黑色较好，不需要的线条不要描绘，直接在后期清样时剔除。把需要扫描的图案划定中心线，主要的作用是确定编织方向与图案，以此来确定在扫描机上的垂直位置。因为无论是双针床贾卡机还是普通双针床机，它们的编织网眼都是纵向形成的，不可能是横向或者斜向的。图案在扫描机中的位置确定好后进行扫描预览，用边框虚线检查垂直度是否正确，确定正确后点击扫描。扫描结束后关闭扫描区域，在弹出的对话框内点击预览，然后保存。图 4-20 所示为扫描后的图形。

4.5.2.2　图像的加工

在 HZCAD 系统中还带有简单的画图及图像处理功能。若是对花型进行小范围的修改，有多种方法可以进行。其中一种是颜色针法，即一个简单的鼠标拖拽动作就可完成对花型的调整；另一种是颜色替换法，即系统中是以颜色区分不同的组织结构，可以利用这一特点来实现花型微调，如果花型较小，应侧重留意设计面上花

图 4-19　原图

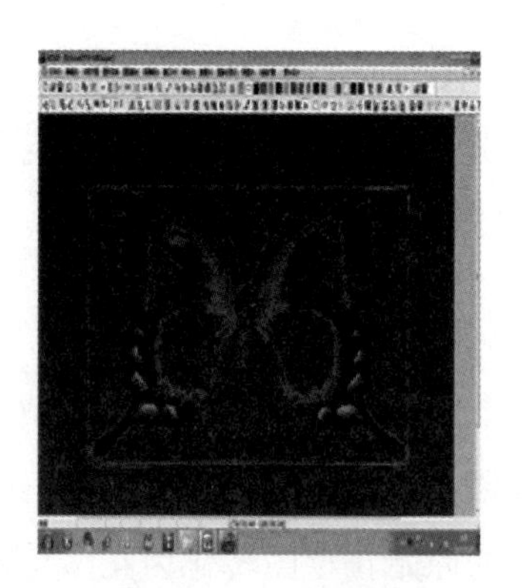

图 4-20　扫描图

纹的表现力度和表现手法。图 4-21 所示为图案的微调图。花纹排列时，为了使得设计活泼，可以用几种不同的图案拼接在一起，具体的操作是：将所需要的图案都截取在操作面上，通过不断地拼接和搭配，最终选取认为最满意的图案。需要互相穿插的，利用工具栏选取框截取后再用转换栏来决定遮盖和显示。具体操作如下，首先在 CAD 图板中选择图案最容易辨认的一个点，从这一点开始用选取框向下向右拖，直到下一个重复点。在编辑栏点击剪切，清除多余图像，粘贴截取样，对所取样进行左右上下拼接验证，确认无误后截取掉多余空格，查看属性宽度与高度的数据，就可以进行下一步机器文件转换或者作为组织覆盖花纹编号入库了。图 4-22 所示为图案经连续复制后形成的四方连续图。

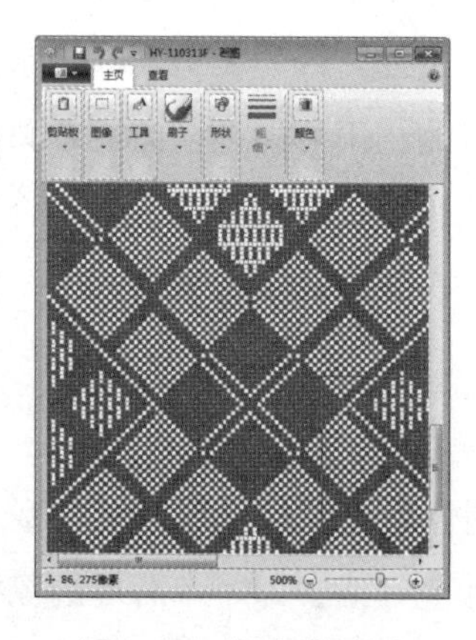

图 4-21　图案微调图

图 4-22　图案的四方连续图

4.5.3　工艺参数的设定

关闭扫描仪后，桌面文件中的保存图案要进行修正。在画图板中用选取框截取图案置于左上角，清除多余空白处，得到完整图案的宽和高。修改桌面的属性，将其由原来的32位位图转换成16位增强图，单击确定。然后在HZCAD系统中，单击“RJ”按钮，输入花高和花宽，确定机器型号、机号、成品横密、意匠横列数后，点击下方确定项，即可完成工艺参数的改变。图4-23所示为HZCAD中的工艺参数输入窗口。

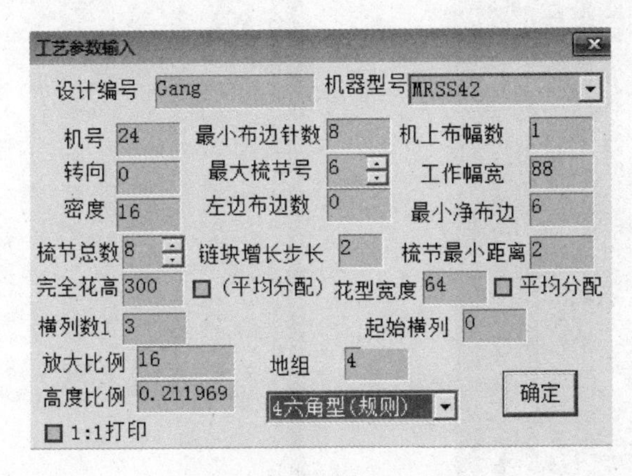

图4-23　工艺参数的设定

4.5.4　意匠图的绘制

对修善完好的图案进行填色或者换色是决定最终图案完整清晰表现的关键。对原样或者稿件必须先审视，领会原样设计意图，预先设定好每部分区域的填充颜色，这些颜色是平时习惯应用的各个组织的表示。在随后进行的组织覆盖项里可以利用各种颜色的不同，准确运用到各种覆盖组织，再确定是否用大面积厚组织或者薄组织。在HZCAD的双贾卡CAD系统中，红色表示密实组织，对应1#色；绿色表示稀薄组织，对应4#色；白色表示网眼组织，对应12#色。这三种颜色分别表示三种不同的组织，因此设计时通过改变意匠格的颜色来改变组织，同时应考虑贾卡机器的张力补偿能力，应做到纱线张力尽可能一致，厚组织和薄组织及各种网眼组织要做到合理搭配，使纱线张力得到平衡过渡。同时如果图案上的文字或者工艺需要表现较清晰的花纹，可以运用三种不同的垫纱效果加以表现。可以是绿色组织小网眼区域与红组织区域划分，也可以用绿色小网眼组织包红色组织或大网眼组织。为了图案清晰，甚至可以对文字区域或花纹用三种效应分层次进行填充，以达到清晰的目的。图 4-24 所示为连裤袜的效果图，图 4-25 所示为连裤袜的仿真图。

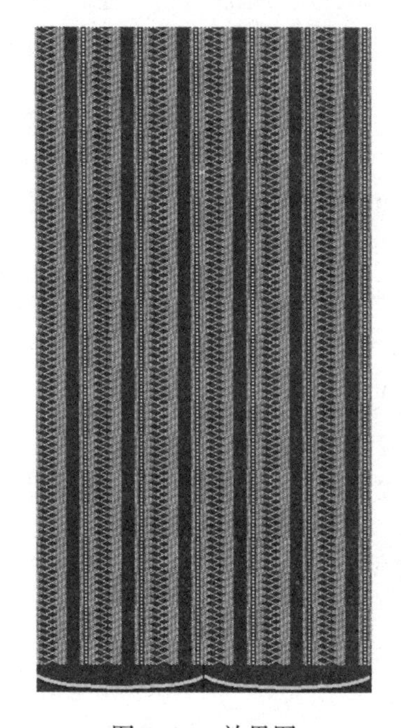

图 4-24 效果图

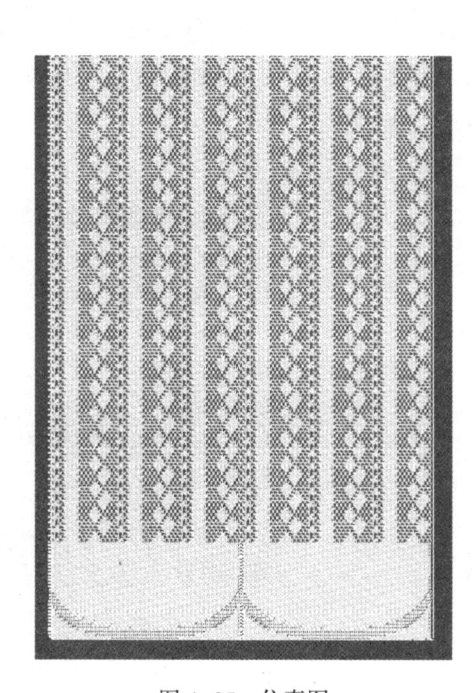

图 4-25 仿真图

4.5.5 预存贾卡组织的运用

若意匠图中的花型种类多次连续重复出现，可以点击“另存为”，将每一种花型都保存为 pat 格式，随后调取花型时，点击进入组织覆盖项，弹出各种预先设计好的组织，点击选出，将它们一一拖到相应的颜色框内后，点击下方的确定，则组织覆盖成功。

4.5.6 意匠图的检查

在导出纹板前，用组织覆盖栏检查图案是否存在其他杂色，用较浅的颜色通过换色进行检查。也可以用仿真效果来评估图案的设计效果，仿真效果在较大的画面上会不清楚，可以点击键 F2 放大，检查是否存在排针的针头，是否存在撞针的可能。放大每个局域图，单击图标，移到不同的区域观察其效果。进入转换文件后，机器生产方提供的 HZCAD 将该意匠图信息转换成机器文件信息，并复制到相应的贾卡机的控制计算机中，便可进行生产。

4.5.7　编织前的准备

生产过程中，如果更换过经轴，再次输入的数据会与原来的有区别。如果是周长测量值不同，原料一致的情况下，整经的纱线张力、整经车速存在不一致，送经量的技术参数也有区别。

尤其是对于贾卡织物的底面织物组织，如果经向选择无弹性的组织结构（编链组织），它的纵向拉伸有限，送经量的变化对连裤袜的生产影响很大。固定贾卡组织外层的编链组织将影响连裤袜的延伸性，过分收紧会影响贾卡梳的编织。牵拉密度的不同，也会改变各梳送经量的大小，还直接影响定型效果。工艺设计时除了考虑连裤袜的最终密度外，还要考虑上机牵拉密度的合理性，后整理的染色工序也是影响最后定型效果的重要因素，连裤袜在染锅里的时间过长会影响其缩率。对色是否正确是解决其染锅停留时间超长的关键。定形幅宽不确定、每次定形幅宽不一致是导致横向尺寸不稳定的重要原因。

4.6　小结

RDPJ6/2 双针床贾卡经编机对连裤袜的无缝编织具有很好的效果，纺出的图样清晰明了。

运用双贾卡 HZCAD 系统中不同的颜色变换来实现无缝产品组织的变化，进而设计出两种不同厚薄风格的产品，满足不同季节对产品的需求。

相同的单元纹样运用不同的组合和变换，可形成不同的纹样方式，进而产生不同的风格。

通过对具体实物的组织结构以及花型分析，可运用软件的各种功能设计出与实物接近的产品。

第5章　RSJ5/1贾卡经编织物

5.1　概述

RSJ5/1型经编机是一种新型的成圈型贾卡拉舍尔经编机，它可以生产出有地网与无地网的织物。该产品编织过程中的技术关键是：两把分离的贾卡梳满穿，且反向垫纱运动必须完全对称。这样可以避免露针现象，保证产品的外观和质量。RSJ5/1贾卡经编薄纱产品具有简约、时尚、明快、柔软和细致的风格，它能将女性肤色衬托得更美，并且在掩蔽身体的同时尽显女性的曲线美，展现其典雅、迷人的气质，做到了点、线、孔的有机结合，使得这些产品既简单又独特。尤其是克重小、清晰度高的清爽型产品深受广大消费者的欢迎。现在，广东一家经编机器生产公司已经制造了上千台的RSJ5/1贾卡高速经编机，配上了与之相配置的RSJ5/1贾卡经编HZCAD系统。这些迹象表明，这一类的织物发展将呈上升的趋势。

5.1.1　RSJ5/1贾卡经编机结构原理

RSJ5/1型经编机改进了拉舍尔簇尼克装置，以提高可操作性和几乎无限花型能力以及机速高达1200r/min而著称。该机的成圈机件配置如图5-1所示。结合机器运转的最优化设计和梳栉吊架的重新定位，增加的一把梳栉更进一步增加了地组织的花型设计能力，梳栉配置如图5-2所示。该机还有一个技术亮点：原先采用整体式的贾卡梳栉及其送经机构，现采用了一种新型的配置形式，即配成两片分离的贾卡梳。采用这一形式的原理很简单，就是使用一把贾卡梳即可形成两个完全独立的花型部分。分离式的碳纤维纱线张力弹簧片装置，使得对分离贾卡梳可以分别地从前侧与后侧单独穿纱，这样两片分离的贾卡梳就能分别生产出相同或不同的花型结构，并能以不同的垫纱方向进行垫纱，当然也可以仅从贾卡梳前侧穿纱。

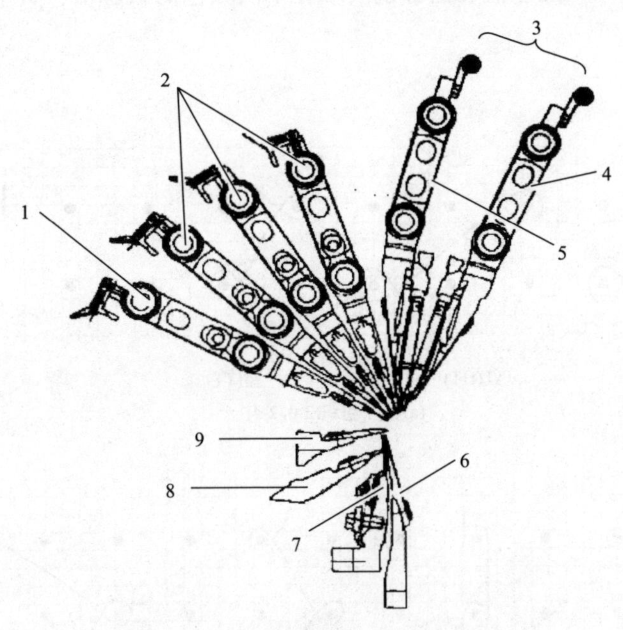

图5-1　RSJ5/1型经编机的成圈机件配置

1—氨纶梳栉　2—地梳　3—Piezo贾卡梳　4—分离贾卡梳JB1.1

5—分离贾卡梳JB1.2　6—脱圈板　7—织针　8—针芯　9—沉降片

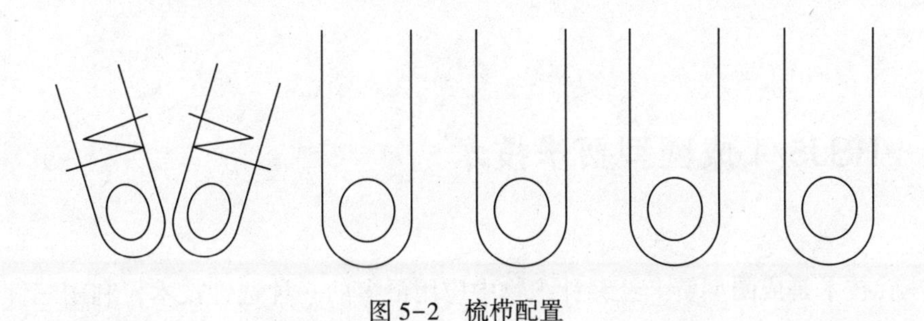

图5-2　梳栉配置

5.1.2　RSJ5/1贾卡基本组织

RSJ5/1贾卡经编织物的贾卡基本组织一般为经平组织（2-0/2-4），但是它的两把分离的贾卡梳栉的垫纱运动方向是相反的，即反向经平组织（2-4/2-0）。图5-3（a）所示的贾卡基本组织是经平组织，图5-3（b）所示的贾卡基本组织是反向经平组织。绿、红、蓝和白分别表示在不同颜色的状态下，贾卡梳栉所作的垫纱运动的情况。

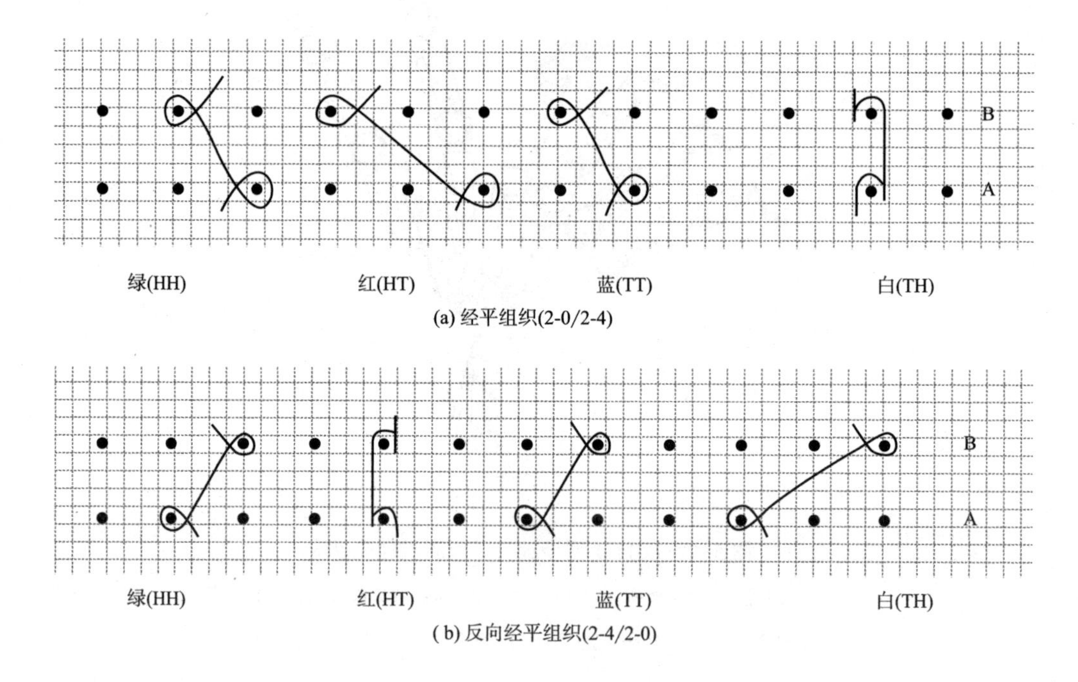

图 5-3　经平组织与反向经平组织的变化

5.2　RSJ5/1 成圈型贾卡技术

三针技术是成圈型贾卡经编针织物中应用最多的一种选针技术，利用三针技术所形成的贾卡花型效应较为全面，可以形成厚组织效应、薄组织效应，甚至在一些地组织的配合下还可以形成网眼或小网眼效应。三针技术的基本垫纱为 1×1 经平组织 1-0/1-2//，其变化情况见表 5-1。

黑色表示贾卡导纱针在绿色、白色和红色时的实际垫纱，而灰色表示贾卡导纱针没有偏移时的垫纱运动，即基本组织。在基本组织的基础上可以清楚地看到通过贾卡导纱针偏移所做垫纱运动后形成的变化组织。

表 5-1　RSJ5/1 成圈型贾卡经编机的三针技术

贾卡色块	注释	贾卡提花效应	变化组织	垫纱图
绿色（HH）	贾卡导纱针在针背横移运动中没有发生偏移	稀薄组织	1-0/1-2//	
白色（TH）	贾卡导纱针在奇数横列的针背横移运动中发生偏移，作编链组织	网眼组织	1-2/2-1//	
红色（HT）	贾卡导纱针在偶数横列的针背横移运动中发生偏移，作闭口经平组织	厚实组织	1-0/2-3//	

5.3　RSJ5/1 贾卡高速经编织物

5.3.1　基本原理

在 RSJ5/1 贾卡高速经编机生产中，有一类织物是利用两把贾卡梳栉进行提花，以及两把氨纶梳栉提供织物所需弹性，没有地组织梳栉，因此织物很薄。贾卡梳栉是由两把半机号配置而成的，即 JB1.1 和 JB1.2，如图 5-4 所示（彩图见封二）。

JB1.1：2-0/2-4//。对应 1、3、5、7 奇数针位，则使用 1、5、8、12 四种色号形成贾卡控制信息：HT、HH、TT、TH。

JB1.2：2-4/2-0//。对应 2、4、6、8 偶数针位，则使用 101、105、108、112

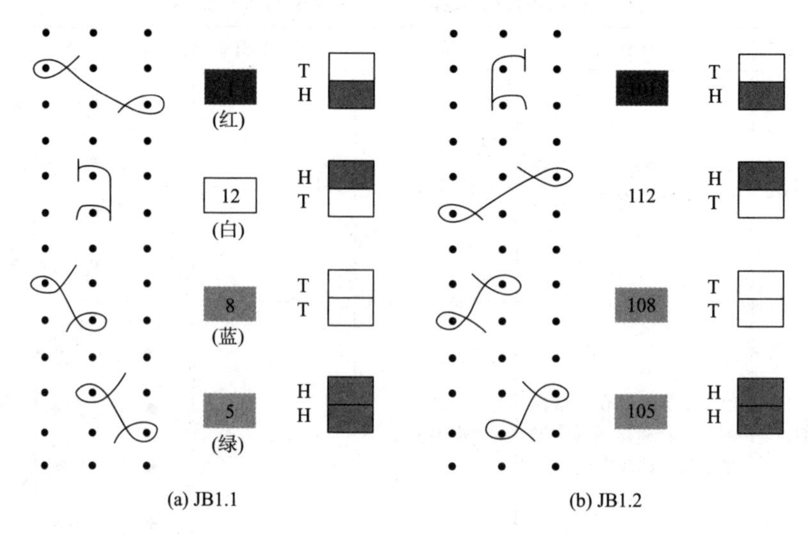

图 5-4　意匠图颜色与贾卡垫纱运动的对应关系

四种色号形成贾卡控制信息：HT、HH、TT、TH。

贾卡偏移由“H”和“T”表示，其中“H”表示不偏移，而“T”表示偏移。贾卡梳栉导纱针的偏移规律应遵循：在绿色的状态时，贾卡导纱针不发生偏移，按照贾卡的基本组织作垫纱运动，表示为 HH；在红色的状态时，贾卡导纱针在偶数横列，通常也被称作 B 横列，向左发生偏移，垫纱运动也因此发生变化，表示为 HT；在蓝色的状态时，贾卡导纱针在偶数和奇数横列，即 A 和 B 横列，都向左发生偏移，表示为 TT；在白色的状态时，贾卡导纱针只在奇数横列，即 A 横列，向左发生偏移，表示为 TH。

5.3.2　基本组织

RSJ5/1 超薄型织物是由厚组织与网眼组织这两种基本组织的组合形成的不同花型效应，其基本组织如图 5-5 所示。在实际设计过程中，根据不同的需要可相应地增加或减少颜色块数目，即增大或减小基本组织结构织物中网眼的大小。

5.3.3　工艺设计原则

对于完全循环较小、地组织种类简单的花型，在设计的过程中，可先在点纹纸

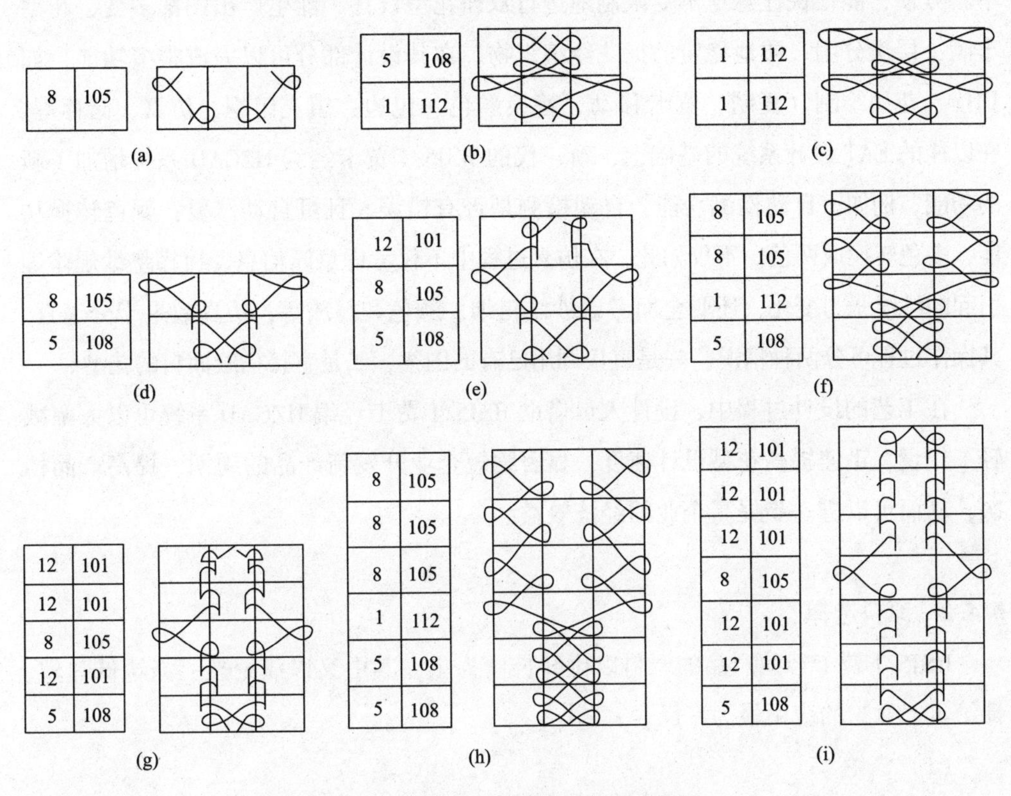

图 5-5　RSJ5/1 超薄型织物基本组织

上画出贾卡运动规律，然后转换成意匠图。但这种方法并不适用于完全循环较大、地组织种类复杂的花型。即在设计时，利用包边功能将不合理相遇的颜色进行修正。

5.4　RSJ5/1 贾卡经编 HZCAD 系统的应用

5.4.1　RSJ5/1 贾卡经编 HZCAD 系统简介

RSJ5/1 贾卡经编 HZCAD 系统是一种用于 RSJ5/1 贾卡高速经编机生产的计算机辅助花型设计系统。本设计软件是由华中经编研究中心开发，它结合计算机技术与经编技术，是国内较为先进的经编 CAD 系统。该软件的操作界面友好，操作简单、方便，能很快任意地不受限制地进行双面花型设计。能生产出图案多变、花型丰满、层次分明、质地稳定的提花经编织物。在其设计部分可以完成很多功能，如扫描、花型绘制（复制、贾卡移动、替换颜色、包边、填充组织、仿真、储存等。在以往的EAT设计系统的基础上，新一代的RSJ5/1贾卡经编HZCAD系统增加了新的功能，例如，自动检测功能，自动检测是否有错误，且可自动修复；颜色转换功能，多色转换成两色。不仅如此，在仿真过程中不仅考虑意匠信息、梳栉垫纱规律等引起的纱线张力变化，还要全面考虑纱线粗细、颜色和材质等，仿真效果十分逼真。其操作过程可分两种情况，一是直接调用已有的图案；二是直接描绘面料的花型。

在工艺的设计过程中，设计人员借助RSJ5/1贾卡经编HZCAD系统可以大幅减轻工作量，迅速提高花型设计速度，显著缩短企业开发新产品的周期，提高产品档次，从而可以进一步提高企业的经济效益。

5.4.2 原料选择

RSJ5/1贾卡经编产品的原料以化纤长丝为主，其中又以涤纶丝、涤纶低弹丝、锦纶丝、氨纶的应用最为广泛。

（1）涤纶

具色牢固强、线质柔软光滑、耐热、耐晒、耐磨损、拉断强度大、不易褶皱的优点。常用规格为：40旦，75旦，100旦，150旦，300旦，500旦。

（2）锦纶

耐疲劳度最好，但模量低，抗褶皱性不及涤纶，不耐光，易变色且易发脆。常用规格为：20旦，30旦，40旦，50旦，70旦，100旦，140旦。

（3）氨纶

氨纶是一种弹性纤维，具有高度弹性，但模量低。氨纶一般不单独使用，而是与其他纤维合并加捻而成加捻丝，在花边中使用最为广泛。常用规格为：40旦，70旦，140旦，210旦。

将各具特色的原料进行巧妙搭配，可以形成特殊的视觉效果和触觉效果，使花边形成变幻莫测的外观效应。例如，运用双色黏胶丝与有光锦纶搭配，使花边在产生有趣色彩渐变效果的同时，借着锦纶的光泽营造出彩虹一样的斑斓，追求抽象的视觉美感。合理使用原料，进行多样配置，促使花边呈现独特的外观效果，给人强烈的视觉吸引力和艺术感染力。

5.4.3　花纹设计过程

5.4.3.1　星点类循环花型

以星点类循环花型为例介绍花纹设计过程，织物实物图如图5-6所示。其工艺过程如下。

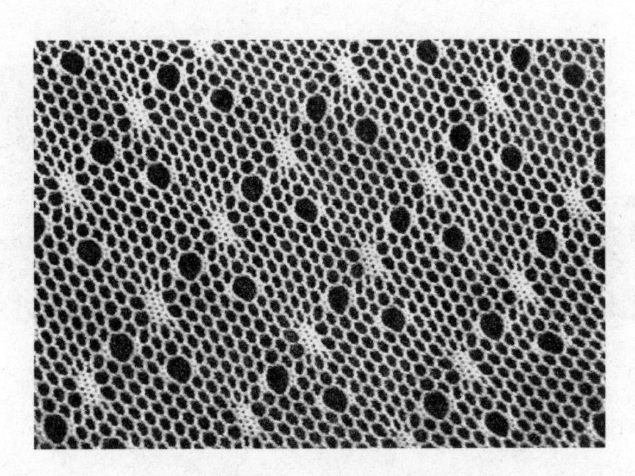

图5-6　织物实物图

（1）确定样品的花宽和花高，以及成品的花高和花宽

本案例中织物的花高为200针，花宽为56针，成品花高为6.2cm，成品花宽为15.5cm。

（2）输入工艺参数

机号为28，工作幅宽为330cm（130英寸），花高为200针，花宽为56针，机器型号为RSJ5/1。

（3）分析样品的基本组织，将基本组织平铺入整个循环

图5-7所示为基本组织，在其系统上的对应贾卡组织意匠图如图5-8所示（彩图见封二）。

（4）描绘样品花型

做好上述准备后，开始进入描绘样品花型阶段。图5-9所示为样品花型的描绘（彩图见封二）。

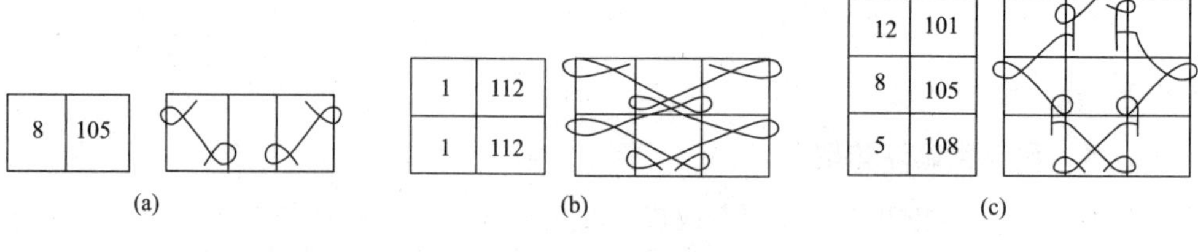

图 5-7　基本组织

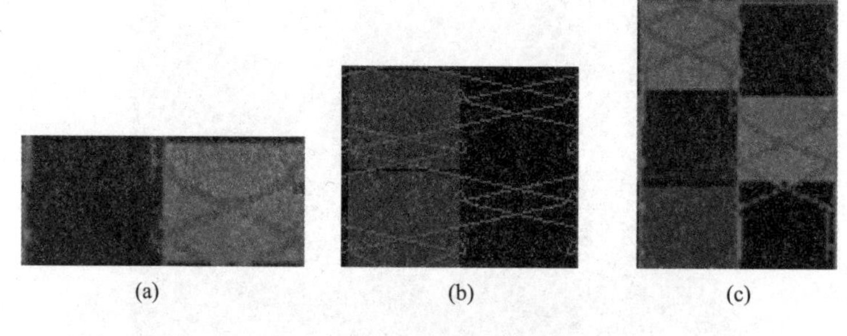

图 5-8　贾卡组织意匠图

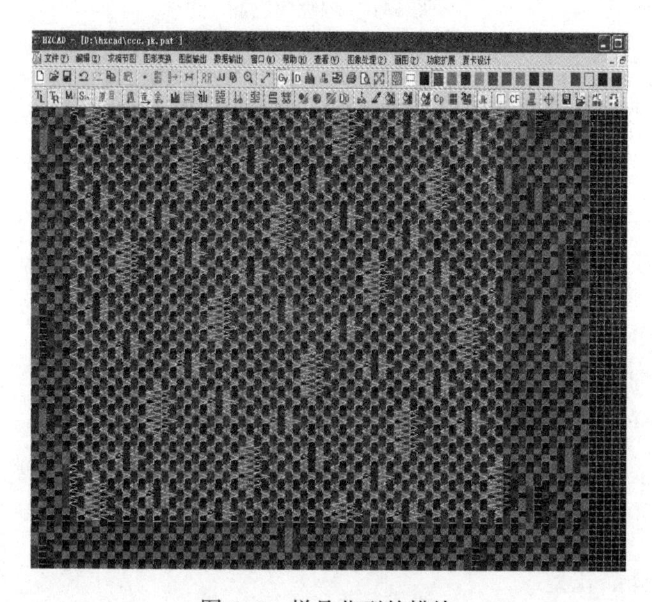

图 5-9　样品花型的描绘

(5) 颜色转换

描绘好的花型颜色种类太多，可以将它转换为两色，如图 5-10 所示（彩图见封二）。

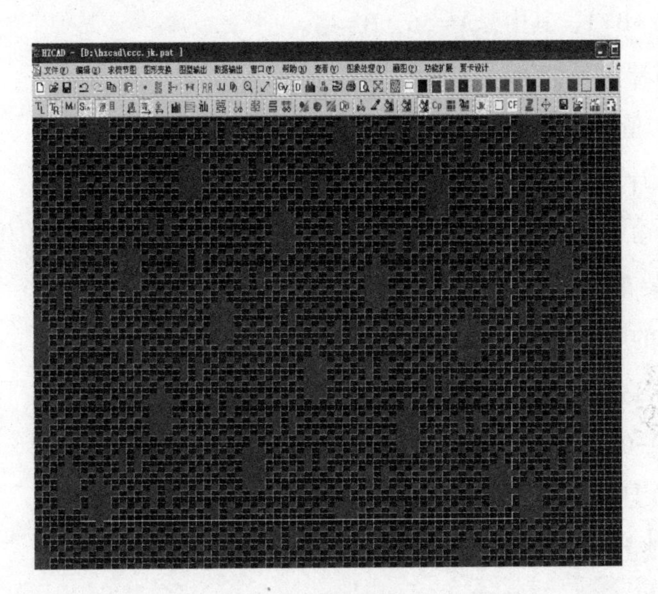

图 5-10　颜色转换图

(6) 显示仿真图

样品仿真图如图 5-11 所示，对错误的地方进行修改。仿真效果有漏洞时，可

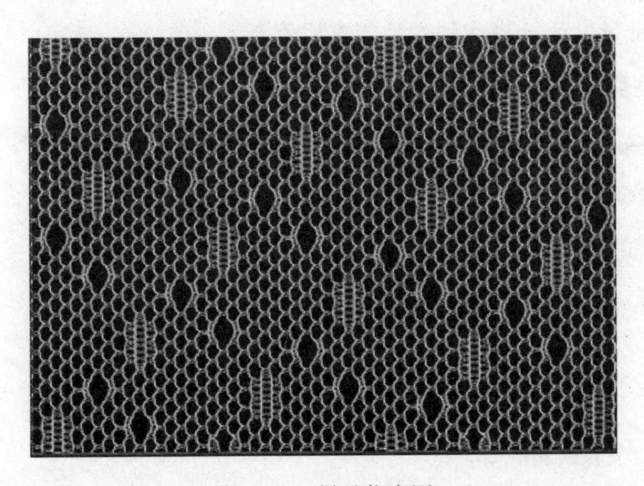

图 5-11　样品仿真图

以利用自动修复，然后显示仿真图。

（7）布幅的排列

把做好的花型循环，通过计算做出相应的布幅。本例的排列方式为：B×1+A×32+B×2+A×32+B×1，其中，A=56，B=14。

（8）做机器盘

其中，*RT* 值设定为 0。

（9）输入计算机

将机器盘输入 RSJ5/1 贾卡经编机的计算机内，将状态设置为工作状态。

（10）安装花盘

根据工艺的要求选择相应的花盘。梳栉如下：

JB1. 1：　1-0/1-2//；　　JB1. 2：　1-2/1-0//；

GB3：　0-0/1-1//；　　GB4：　1-1/0-0//。

原料为 40 旦锦纶丝，规格为 12f，简写为 N40 旦/12f。

（11）调整上机密度和粗调送经量

上机密度设为 28. 54 线圈/cm。

（12）开机

当一切准备妥当时，则可开机。在开始时，先开慢车，观察织出来的效果是否与设计方案中的效果相同。如果不同，则检查并修改；若正常，则可正常开机，开快车，进行大批量生产，当达到卷装要求后落布。

5. 4. 3. 2　花型循环较大的超薄织物

花型循环较大的超薄织物的实物图和织物仿真图如图 5-12 和图 5-13 所示。

各工艺参数如下。

（1）机器配置

机型：RSJ5/1 型贾卡高速经编机

机号：28

工作幅宽：330cm（130 英寸）

机器速度：1050r/min

梳栉数：4

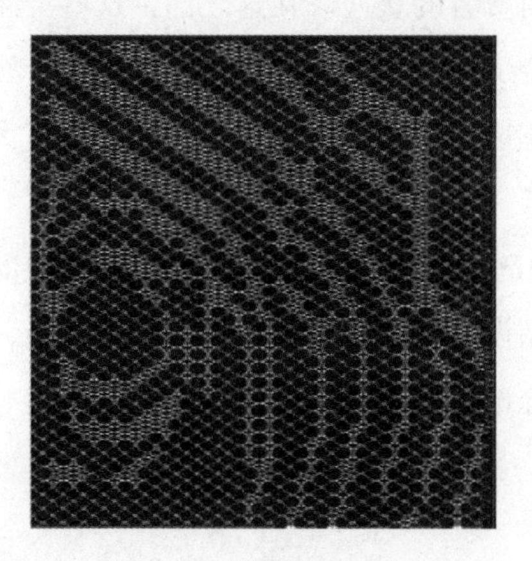

图5-12　织物实物图

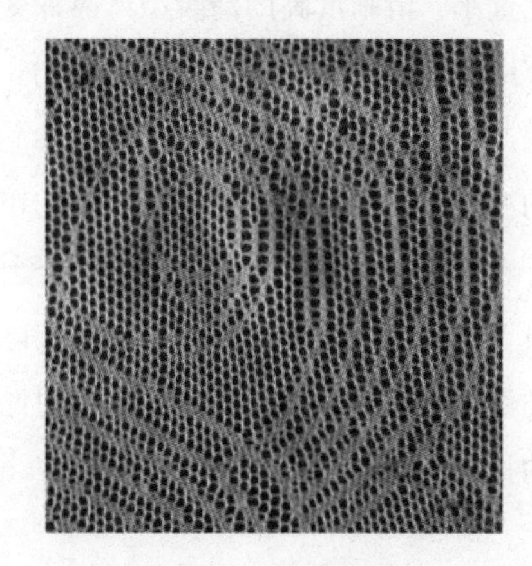

图5-13　织物仿真图

（2）上机及成品参数

上机密度：28.54线圈/cm

成品花高：6.2cm

成品花宽：15.5cm

贾卡梳栉：JB1.1：2-0/2-4//；JB1.2：2-4/2-0//，原料为40旦锦纶长丝

氨纶梳栉：GB4：2-2/0-0//；GB5：0-0/2-2//，原料为140旦氨纶

5.4.4　后整理

织物样品出来以后，则被送到染厂进行后整理。样品先进行前处理，并进行脱水，再人工理布。样品在预定型后，开始染色阶段（染色→水洗→固色→再水洗→脱水）。最后样品被送入定型机进行定型，定型后则打包成品。其工艺流程为：

坯布→前处理→脱水→理布→预定型→染色→水洗→固色→水洗→脱水→定型→包装→成品

5.5　小结

RSJ5/1贾卡经编薄纱产品具有简约、时尚、明快、柔软和细致的风格，尤其是克重小、清晰度高的清爽型产品深受广大消费者的欢迎。在这之前，这些产品广泛应用于女士吊带、文胸等装饰部分。随着新产品的不断开发，现在 RSJ5/1 贾卡经编产品已经渗入人们的日常生活中。如带花边蕾丝的衣服和家纺产品深受广大人民的喜爱。因此，此类产品有很好的市场前景。

本文通过深入研究 RSJ5/1 贾卡经编织物的提花原理，对星点类循环花型的工艺设计进行了细致的总结，进行了实际的产品设计，有一定程度的突破和创新，为这类经编产品的开发提供了一个新思路。将理论和实际相结合，对实际生产具有良好的指导意义。

第6章　经编间隔织物

6.1　概述

经编间隔织物是在双针床拉舍尔经编机生产的一种三维立体织物。常见的经编间隔织物是由前后针床编制的外表层和连接两外表面的间隔纱（丝）组成的中间层构成的三层结构。这种特殊的空间结构是决定织物各种力学性能的主要因素，也使其成为一种具有多功能性的织物。间隔纱（丝）组成的中间层在内外两层织物之间形成一个通风、透气的中间层，通过对中间层的结构进行改进设计，能够达到力学性能及功能方面的要求。

6.2　间隔织物的发展

间隔织物的出现和发展主要因为它有下列特点或优势：至今汽车座垫装饰物、车内镶嵌装饰物、室内沙发座垫、运动鞋料和包（箱）类面料大多使用装饰织物/PUR（聚氨酯）泡沫片/背面针织、非织造布或薄膜的层压材料制成。这种层压材料是利用火焰层压机将PUR片表面熔融，然后将两表面的织物加压黏合而成。由于是性能差异很大的不同类型的三层材料复合在一起，因此在这些物品用废后很难回收循环使用或处理。造成垃圾堆积和环境污染。目前，欧洲一些大的汽车制造厂已开始注意此问题，并尽量设计使用由单一材料或性能相近的几种材料制成上述物品的替代物。从而可做到一物多次循环使用，尽可能延长使用链，并使最终处理简单化，而经编间隔织物正可以满足这一要求。

此外，在上述的PUR片层压过程中和这类层压物品在汽车内的使用过程中，由于使用抑制火焰化学剂和泡沫柔软剂，均会产生有毒“烟雾”，因此在瑞士和德国南部已停止使用这种加工工艺。

通过适当选用间隔织物的用纱线密度、纵密、机号、间隔距离和垫纱组织，可以获得一定范围内的、所需要的抗压强度和弹性，气体的通透性和传湿性以及对各种液态和气态物质的过滤特性。

经编工艺的一些固有特点是门幅阔狭灵活、生产速率高、噪声低、劳动条件好等。

6.3 经编间隔织物的性能

6.3.1 导湿透气性

由于经编间隔织物的三维空间结构，中间有一层流通的空气，所以它总能提供一个通风而舒适的微环境，即使在受到外力压迫时也是如此，而这个空气层就是经编间隔织物具有优良透通性能的原因。经编间隔织物的间隔层由一根根的间隔纱支撑，其间没有隔断，空气可以自由流动，热量也很容易散发出去，而聚氨酯泡沫材料则由许多独立的微小空间构成，空气的流动速度不如经编间隔织物，而且很容易聚集热量，造成鞋内闷热，感觉不舒服。经编间隔织物的密度越小，则透气性越好。因为这个包含空气的间隔层，当空气循环流动时，它也把湿气一并带出去，所以经编间隔织物导湿性也比其他相同厚度的织物好。

6.3.2 压缩性

压缩性是衡量经编间隔织物性能的一项重要指标。经编间隔织物能承受静态或动态载荷，所以常采用模量较大的涤纶单丝或丙纶单丝。经编间隔织物的压缩性能与许多因素有关，其中间隔纱层的结构起决定作用，此外两个表面结构的致密或疏松也会影响织物的压缩性能。

6.3.3 吸音隔音性

当今的间隔织物都还具有一定的隔音性。当织物被设计成一面密实、一面轻薄时，声波就从轻薄层传到密实层，经过中间的消音层后声波强度有所降低，起到吸音、隔音的效果。

6.3.4　结构整体性和可成型性

传统的发泡材料和黏合层合织物的生产会造成环境污染，如果是采用热黏合的方式使之与织物复合，将会造成更加严重的污染。而间隔织物的生产是一步到位的，因此，极大地节约了生产费用。

间隔织物的两个表层是由间隔纱连接在一起的，所以不会出现分层现象，具有很好的整体性，而且降低了使用黏合剂的可能性。

如果在织物的两面都织进弹性纤维，则可以提高其可模压性能，因为两个纱层的弹性使得它们之间因弯曲率不同产生的张力不等的缘故。

6.3.5　决定间隔织物性能的因素

间隔织物的厚度 X 主要由前后针床脱圈板间的距离 g 决定，即 $X \approx g$。由于牵拉作用、后整理及外表层纱线对间隔纱（丝）的弯曲作用，X 略小于 g。间隔织物的厚度影响其压缩性能，织物越厚弹性越好；反之，弹性越差。

间隔层的结构主要有 V 字形、X 字形、1×1 字形等其他变化形状。不同的结构与间隔纱在前后针床轮流垫纱的针背横移针数，隔丝（纱）的垫纱角度及表层组织结构有关。

6.4　间隔织物的生产设备

随着对服装功能性和时尚性的追求，人们对经编贾卡提花间隔纺织品的青睐与关注日益升温，使得生产该类产品的 RDPJ 系列经编机也成了名副其实的畅销机器。该系列经编机主要有 RDPJ7/1、RDPJ5/1 两种机型，这两种机型都有两个单独的舌针针床、两个脱圈板、两个沉降片，工作幅宽为 350cm（138 英寸），有 $E24$ 和 $E28$ 两种机号，两栅状脱圈板距离可在 2.0~8.0mm 之间无级调节，沉降片自动重调。两种机型都配有 1 把分离的电子控制的贾卡梳，其中 RDPJ7/1 型机第 5 把梳为贾卡梳，RDPJ5/1 型机第 4 把梳为贾卡梳。据组织结构不同，可选择合适的机型进行生产。

Karl Mayer 生产的 RDPJ7/1 型经编机（图 6-1），是用于专业生产经编提花间隔织物的新型双针床拉舍尔经编机，配备了最新的 Piezo 贾卡元件，有 7 把梳栉（6 把地梳，1 把分离式贾卡梳）（图 6-2）。其中，GB1、GB2、GB3 在前针床成圈编织，GB6、GB7 在后针床成圈编织，GB4 间隔纱梳在前后两个针床轮流成圈，JB5 贾卡梳在后针床成圈提花。该机型采用分段经轴直接供纱，经轴架由 7 个直径为 76.2cm（30 英寸）的经轴组成，每个经轴都使用 EBC 电子送经。织物的牵拉由 EAC 型机构控制，横移运动由 8 轨道的 N 型花纹机构传动。每个贾卡导纱针被单独控制，向左或向右的一针偏移由压电陶瓷片的电压正负方向控制。机速为 300r/min（即每分钟编织 600 个线圈横列）。

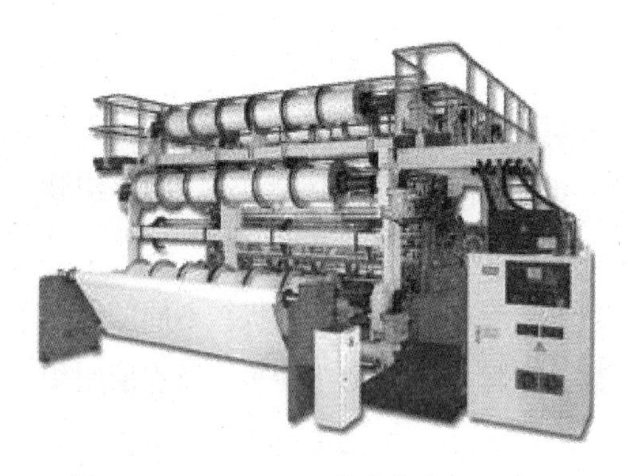

图 6-1　RDPJ 7/1 双针床拉舍尔经编机

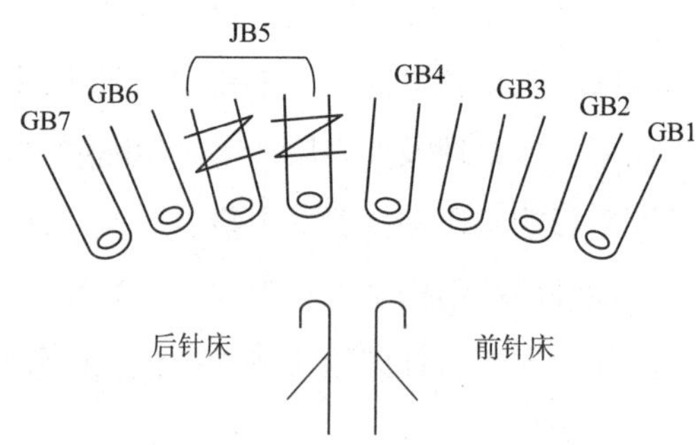

图 6-2　RDPJ 7/1 梳栉分配图

6.5　间隔织物的种类

6.5.1　贾卡提花经编间隔织物

这类经编间隔织物通过线圈延展线的长短不断变化而引起织物厚薄不一的变化，从而产生凹凸的花纹效果，再配合不同颜色的纱线可编织色彩绚丽的立体织物。这类织物常被用作高档内衣面料，具有较强的透气性、吸湿性、舒适性，且较为美观。

编织方法：这类织物主要在双针床贾卡经编机上编织，如RDPJ4/1型、RD-PJ7/1型。这两种双针床贾卡经编机都装配了1把贾卡梳（为第2把，RDPJ7/1第5把）。RDJ6/2型主要配置有两套电子选针系统，两把提花（贾卡）梳栉，四把地梳［前后针床拥各有一把提花（贾卡）梳栉和两把地梳］。由于贾卡的延展线是由针背横移产生的，所以延展线的长短要和针背横移量一致。针背横移量是通过贾卡导纱针在作基本组织运动的同时根据花型需要进行贾卡导纱针的偏移运动产生。每把导纱针进行单独控制，但其受控时，贾卡导纱针产生一针偏移。贾卡提花的使用极大地提升了设计的自由度和灵活性，大大丰富了织物的表面花型与结构种类，提高了最终产品的期望值。独特的三维立体结构和极具时尚性的外观，使贾卡提花的经编间隔织物具有更为广阔的应用空间，被广泛应用于功能性鞋子，成型文胸罩杯，高性能运动服，汽车内衬，家居、办公和交通工具的座椅构件等领域，表现出巨大的发展潜力和商业前景。

梳栉排列：

GB2：1-0-1-1/1-2-1-1//，满穿84dtex涤纶花式纱，送经量1634mm/480横列，原料比13.5%；

GB3：1-0-1-1/2-3-1-1//，满穿84dtex涤纶花式纱，送经量1950mm/480横列，原料比16.2%；

GB4：2-1-1-0/1-2-2-3//，满穿33dtex/1f涤纶单丝，送经量8350mm/480横列，原料比27.3%；

JB5：1-1-1-2/1-1-1-0//，满穿167dtex涤纶花式纱，送经量1802mm/480横列，原料比29.8%；

GB6：0-0-0-1/1-1-1-0//，满穿84dtex涤纶花式纱，送经量1600mm/480横列，原料比13.2%。

GB2、GB3以变化经平编织前针床地组织，GB6以编链编织后针床地组织，JB5以成圈型贾卡的三针技术在后针床提花，GB4以三针经平和编链的垫纱组合在两针床成圈编织将两表层连接起来。

6.5.2　具有两个密实表面的间隔织物

组织：如图6-3所示。

图 6-3　密实间隔织物整体图

梳栉排列：

GB1：6-6-6-6/0-0-0-0//满穿；

GB2：0-2-0-0/2-0-0-0//满穿；

GB3：2-0-0-2/2-0-0-2//一穿一空；

GB4：0-2-2-0/0-2-2-0//一穿一空；

GB5：0-0-0-2/2-2-2-0//满穿；

GB6：0-0-6-6/6-6-0-0//满穿；

结构：GB1、GB2 在前针床编织编链衬纬，形成一个密实表面；GB5、GB6 在后针床编织相同的组织，形成一个密实表面；GB3、GB4 作反向对称编链垫纱运动，形成间隔层。

6.5.3　蜂巢网眼经编间隔织物

蜂巢网眼经编间隔织物具有良好的透气性、重量轻、牢固又耐脏，还有吸引人的外观。常用来覆盖在鞋子表面起装饰作用。这种组织是通过面纱组织与穿经的配合，使相邻的线圈纵行在某些线圈横列失去联系，从而在间隔织物表面形成网眼，呈现出凸凹不平的外观效果。网眼形状多种多样，有正方形、菱形、六边形等。

编织方法：正方形网眼通过三把梳栉，其中两把为对称经平，一把为衬纬。菱形为常用的经缎组织。例如，单面蜂巢网眼效应的经编间隔织物一面网眼一面密实，如图 6-4 和图 6-5 所示。

梳栉排列：

GB1：6-8-6-6/6-4-6-6/6-8-6-6/6-4-4-4/2-0-2-2/2-4-2-2-/2-0-2-2/2-4-4-4//，三穿一空；

GB2：2-0-2-2/2-4-2-2/2-0-2-2/2-4-4-4/6-8-6-6/6-4-6-6/6-8-6-6/6-4-4-4/，三穿一空；

GB3：2-4-4-6/4-2-2-0//满穿；

GB4：4-4-2-0/2-2-4-6//满穿；

GB5：2-2-2-4/2-2-2-0//满穿；

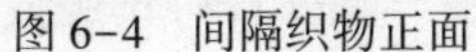

图 6-4　间隔织物正面

图 6-5　间隔织物反面

结构：GB1、GB2 有空穿，在前针床上形成网眼结构；GB4、GB5 在后针床上编织经平绒组织，形成密实结构表面；GB3 在前后针床上轮流成圈，形成间隔层。

特点：因为有一面是网眼结构的组织，所以这类间隔织物的导湿透气性非常好，常应用于鞋子和罩杯中，有其独特的功能，受到很多人的关注。

6.6　经编间隔织物的应用

间隔织物已成为当代技术和日常生活中极为重要的一个组成部分，其应用领域涵盖服装、汽车用、农用、建筑结构用、纺织结构复合材料、安全防护用、医疗用、过滤用、运动以及娱乐用。

6.6.1　文胸罩杯和垫肩

近年来，文胸的衬垫材料日益重要，多种不同的织物基布通常层合在一起，通过模压来制成文胸罩杯，这种方法的不利之处在于它不可以进行空气交换，湿气很难从里面散逸到外部。胸部挺起的效果通常是因为使用了泡沫或非织造布制成的罩杯，这些材料的透气性和透湿性非常不好，大幅降低了文胸的穿着舒适性，使用模压经编间隔织物制成文胸罩杯，上述情况将有很大的改善，间隔织物在两层间总存在一个通风的空气层，它使热和湿气可以散逸到外层去。织物结构、材料、间隔厚度以及织物两面可独立变换的花型都可以根据最终用途的需要而任意单独变换。

间隔织物通过热模压和定形形成一个特殊形状，若使用新型纤维，如弹性纤维，则最上层的织物将达到模压所需的延展性，文胸罩杯上织物的间隔在整个模压过程中保持一致。

6.6.2 运动及娱乐用间隔织物

间隔织物用于运动服中主要起防护作用，目前主要在外界气候环境的运动服中采用间隔织物，如滑雪服、跳水服、冲浪服、潜水服、野外自行车服或跑步服、保暖田径服等高性能运动服。大多数间隔织物的一面是网状的，另一面是密实的。间隔纱通过涂层或在两个表面编入弹性纱的方法，以获得理想的功能和效果。针对竞赛项目，开发致密结构，具有高弹性的织物；也有以一面起绒的间隔织物为基布制成的新型运动服，外观呈网状效果，适用于滑雪和雪地露营；并尝试把成型衬垫衬里加入功能性运动服中，间隔织物还用作运动鞋和各类鞋垫和鞋身、内衬。根据间隔织物应用部位的不同，其组织结构、间隔距离和纱线的种类也不同，当用作剧烈运动的运动鞋的鞋面、鞋帮和鞋舌时，按需要间隔织物两表面可以是密实的，或一面密实一面半网眼。有时两表面内织入弹性纱线，使运动鞋具有更好的舒适性，提高了鞋的功能。当用作运动鞋或其他鞋的鞋垫，包括防滑鞋垫时，间隔织物的一面或两面为网眼结构。理想材料为丙纶。经编间隔织物具有很好的导湿透气性，能创造一个空气清新，无汗的气候微环境，弹性也更为优越，而且坚牢，不分层。

6.6.3 汽车用间隔织物

间隔织物在现代产业中具有极高的使用价值，现正逐步尝试取代汽车内饰材料中的聚氨酯泡沫材料及其层压制品，如内衬布和车顶衬，包括门、柱、遮阳篷、后座盖、仪表板、车篷、行李箱、屏风等。两面密实结构，可与织物或薄膜层合，或一面是立体、多花色、多结构和组合式的，或一面为毛绒面，产品替代泡沫层压制品。例如，卡车和公共汽车的挡泥板，一面为孔眼结构，另一面为密实结构，或两面均为网眼结构，经涂层由单丝生产；间隔织物内的座椅加热系统，电热丝在织物生产时直接衬入已申请专利，但未问世；双面半孔眼结构织物全部由单丝组成，用于奔驰公司运动系列汽车的座椅和运动座椅。

6.6.4　医疗卫生用间隔织物

目前，卫生专家对纺织品在生物气候方面的性能和卫生性能提出越来越高的要求，对于特殊用途的材料一般要求为：既能保护皮肤不受液体和微粒的污染，又能透气，有效防止细菌和真菌的感染，洗涤消毒方便，抗静电，无化学整理剂。它的下层为经编双面网眼间隔织物，每平方米有一百万个网眼，上层为人造草皮，这种间隔织物可以在双针床拉舍尔机上生产，用六把梳栉编织，四把形成表层，两把穿间隔纱。这就使得其具有良好的力学性能，耐久性好，可循环使用，结构稳定，产品设计范围广。与其他聚氨酯泡沫材料、橡胶、皮革制品、机织物或非织造布相比，间隔织物质量轻，柔软，有弹性，导湿透气性能好，对皮肤无刺激性，保暖性较好。良好的导湿透气性能是间隔织物优于其他纺织品的一个重要特性，因此可把它制成手术台垫、防止长期卧床病人生褥疮的床罩以及吸收病人体液的床垫。间隔织物也可以作为婴幼儿的床垫罩和床垫内层，这类织物一面为网眼结构，另一面为密实结构，在织物背面涂的附加膜使间隔织物防水、透气，又能把汗从表层排到外面，而且保暖。另有实验证明，由间隔织物制成的床垫能有效地降低应力集中，避免病人因长时间卧床而引起伤痛。间隔织物的一个重要用途是用作新型橡皮膏药和编织绷带，准备替代还在使用的普通石膏绷带，在绷带使用前，间隔结构先经过一种活性硬化处理。这类织物一般两面均为结构花纹或网眼结构。实验证明，这种新型绷带与原有绷带或其他纺织品绷带相比，能避免汗水和热量的积聚，从而与皮肤相适应。

6.6.5　农用间隔织物

德国公司研制出用于贫瘠地域种植或屋顶绿化用垫的间隔织物，上层为网眼结构，底层为密实结构，另外还添加了经纱用来固定织物，防止经向尺寸扩大。将此织物盖在土壤上面，再填入填料使织物在长度方向稳定，阻止不必要的延伸，然后打孔种植种子或苗木，可保持土壤的温度和水分，支撑苗木。

6.6.6　建筑用间隔织物

建筑用间隔织物可用作密实的建筑部件，中间填充气体、泡沫塑料、细粒子或纤维等物质。间隔织物经涂层包层适合支撑保护桥、地基和烟囱，这类经编高强织物也可轻松注入树脂，用来保护建筑物抵抗地震的影响。它们具有很高的耐冲击强力，而且防锈。目前正在进行有关拉舍尔经编间隔织物用作砖瓦、地面底板以及屋顶隔板的测试。

6.6.7 纺织结构复合材料

德国已研制出以间隔织物作为增强骨架的复合材料，上下两表面和中间的间隔纱全由玻璃纤维单丝编织，两表面可均为网眼结构，或一面网眼，一面致密。

6.6.8 过滤用间隔织物

过滤用间隔织物因间隔织物上下两层的孔洞尺寸不一而产生过滤效果，现已被用于液体和油类介质的过滤上，如空气和水过滤器、制陶过滤器等。这类织物的单面或双面为密实结构，它不仅作为过滤介质，而且能提供适宜的环境条件杀灭细菌并且用来澄清污水。例如，生物垫包含聚对苯二甲酸乙二酯纤维，单丝为蜂巢结构，氧气可以在垫子中自由流动，因此产生一个良好的气候环境。

6.7 经编间隔 CAD 系统的应用

在充分认识经编间隔织物的基础上运用 CAD 软件来设计。

织物 CAD 是从理论上提出一种表示经编针织物的数学模型。通过编程计算机可以直接接受经编组织并自动将其转化为设定的数学模型；建立了设计经编针织物时对组织及花型进行常规变换的计算方法。利用这些变换可以获得若干全新的经编组织及花型。在该理论的应用上，设计了一个相应的 CAD 系统软件，可在带有彩色显示器的普通个人微型计算机上采用人机对话方式对原始经编组织与花型进行各种变换和修改，并可显示所设计经编织物的花型和模拟色彩效应。

6.7.1 经编间隔 CAD 系统的功能

6.7.1.1 独特的文件兼容功能

利用该系统奇特的文件兼容功能，可与国外花型系统的 *. PROCAD、*. SJQ、

＊. COL、＊. HJQ、＊. PAT 文件以及国内系统的＊. WB、＊. XY、＊. FAT 和＊. QAT 文件等多种文件格局进行数据交流，还可与德国卡尔迈耶公司的机器控制文件＊. mc 和＊. kmo 文件进行彼此转换，便于企业上机生产。此外，该系统还可以将 bmp 格式的图片直接转换为贾卡意匠图，使花型设计人员节省大量时间。

6.7.1.2 强大的花型设计功能

该系统的花型设计功能模块包含垫纱设计和贾卡意匠设计两个子功能模块，可以对少梳栉经编织物、双针床经编织物、多梳花型的贾卡意匠图进行设计，每个子功效模块都有多种编纂操作功能，并且在主设计界面支撑右键菜单，工具栏中显示常用的设计工具，方便操作。此外，还能够对织物的原料、穿经、送经量等各项工艺参数进行设定，满足企业出产需要。应用这些强大的设计功能可便利、快捷地对任何经编针织物进行设计。

6.7.1.3 多梳花型多循环显示图

该系统的花型显示功能模块可供设计职员任意抉择显示模式。设计单针床经编织物时，可显示梳栉垫纱效应或织物效应，还可以显示织物横向或纵向多个循环，较好地模仿织物效应；设计双针床经编织物时，还可取舍对织物的前针床或后针床效应进行显示；设计多梳贾卡经编织物时，可独自显示多梳垫纱效应或贾卡意匠图，也可以两者同时显示，方便设计，并且可模拟上机状况显示全部机宽的多轮回花型。这些显示功能可能依据设计人员的需要随便进行转换，操作方便，简略适用。

6.7.1.4 机动的数据输出功能

该系统的数据输出功能可根据客户请求量身定做企业本人的工艺单，包括经编工艺单、链块表、穿经图、链块统计表、垫纱活动图等，用于工艺保留及车间生产等。对计算机控制式经编机，该系统还能生产机器盘，直接用于经编机的生产。

6.7.1.5 高质量的仿真功能

系统的仿真功能可对已设计好的花型进行真切模拟。通过设置原料粗细、张力、仿真色彩及每把梳栉所穿原料类型等参数，可以实现对织物的仿真模拟，使设计人员预先看到织物的设计后果，或对比样布对织物花型进行检讨。对少梳经编织物，系统还具有三维仿真功能，可以显示线圈的串套关联。

6.7.2 组织设计

6.7.2.1 两个表面的编织

在双针床经编机上，用机前和机后的1~2把梳栉分别在前后两个针床上编织分离的两片单面织物。其组织可以根据间隔织物的表面结构而定。若表面为平素密实结构，可用两把满穿梳栉编织编链衬纬组织或双经平、经绒等组合字，也可用一把满穿梳栉编织经绒或经平或经斜组织。若表面为网眼结构，可用空穿来达到。如果表面要产生花纹效应，则用一把满穿梳栉编织地组织，而另一把带空穿的梳栉作复杂的垫纱运动以形成花纹。

6.7.2.2 间隔层的编织

在双针床机上用中间的1~2把梳栉在前后两个针床上轮流成圈，把上述编织的前后两片单面织物连接起来。两个面的距离，可通过调节前后针床脱圈之间的距离来达到。

如果间隔层中要夹入衬纬纱和衬经纱，那么需要增加1~2把衬经梳栉和衬纬梳栉。衬经梳栉和衬纬梳栉应该配置在梳栉吊架的中间部位。

6.7.3 数学模型的建立

垫纱数码是表示经编组织最常用的一种方法，用垫纱数码来表示经编组织时简捷方便，以数字号码0、1、2…或0、2、4…（舌针习惯上用）顺序标注针间间隙，对于导纱针梳栉横移机构在左面的机器，数字号码应从左向右进行标注；对于导纱针梳栉横移机构在右面的机器，数字号码应从右向左进行标注。然后顺序记下各横列导纱针在针前的移动情况，这就表示了经编组织。

6.7.4 设计与仿真原理

在实际样布分析过程中，按上述贾卡提花原理进行设计存在一定难度。这是由于经编间隔织物的“双正面结构”，两表层线圈延展线处于中间间隔层，贾卡线圈延展线被前针床编织平面和间隔丝（纱）的延展线阻挡，给从工艺反面分析贾卡延展线来获取贾卡偏移信息带来不便。为克服上述困难，在CAD贾卡设计系统中，直接从间隔织物的正面即提花效应面进行分析，将后针床提花面当做前针床编织面来设计与仿真，贾卡基本组织走1-0/1-2//，提花针根据偏移信息向左偏移（偏移信息为T）或不偏（偏移信息为H），见表6-1。

表6-1　经编提花间隔织物贾卡提花原理与仿真原理对比

项目	薄组织	网眼组织	厚组织
贾卡提花原理	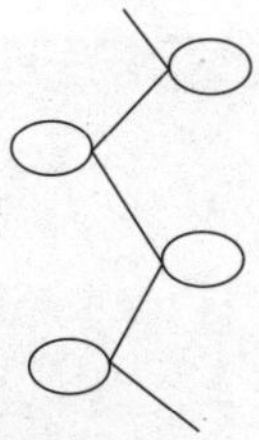	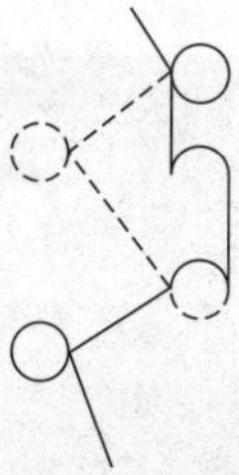	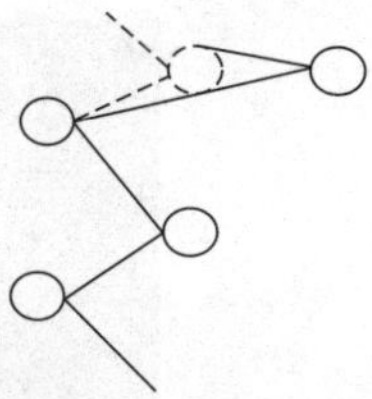
设计仿真原理	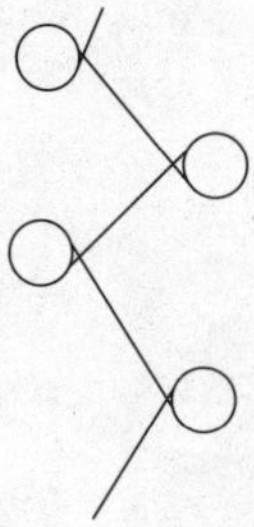	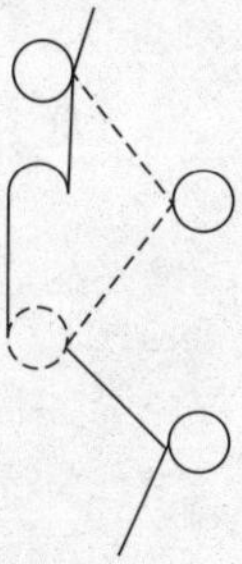	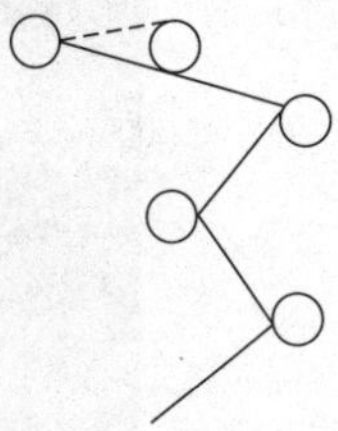

6.7.5　间隔织物在计算机上的仿真

①研究间隔织物的组织结构，尤其是上下两面的花形以及间隔纱的组织结构。

②在显微镜下观察，并且描绘出它的垫纱数码。

③根据垫纱数码画出垫纱数码图。

④运用老师所给的软件和程序在计算机上进行画图。

6.7.6　间隔织物的设计步骤

（1）画出网眼组织

将形成网眼组织的各把梳栉的纱线设定为第二层，在画网眼组织的过程中有两种方法：

①每一把梳栉都调用一个代码来表示，则会调用出来六把梳栉，然后将其组合成所需要的图形，这种方法很便捷，但是要事先写好梳栉的代码。

②可以用软件直接将一把梳栉的图形画出来，然后运用软件的功能将其复制，然后再根据需要组合起来，这种方法能对织物的结构有更深的了解，能很好地熟悉软件的各种功能（图 6-6）。

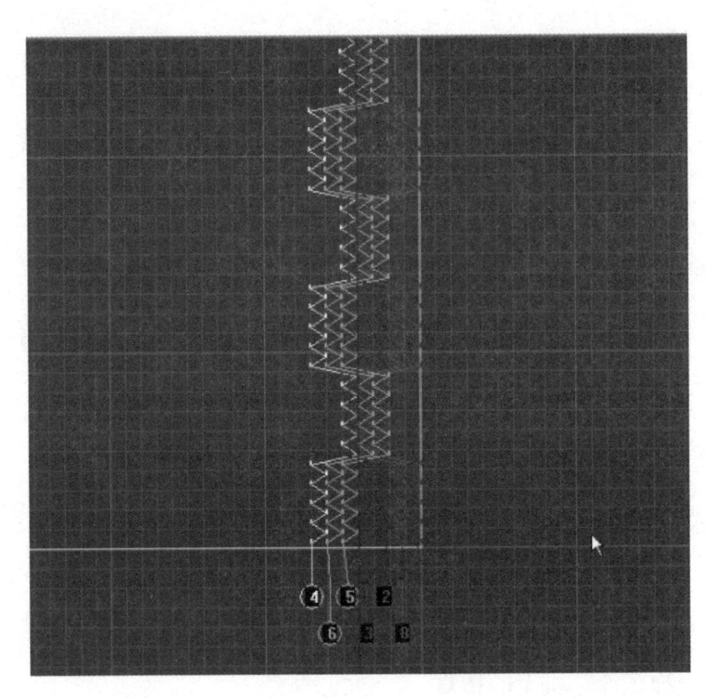

图 6-6　上层织物组织

（2）依次给各把梳栉编号

编号之后梳栉看上去更清晰，能更好地观察出织物结构（图 6-7）。

（3）设定移动的幅宽

如果只三穿一空，则最小循环数为幅宽的设定要根据织物的结构和生产来定（图 6-8）。

（4）观察效果图

一是可以查看图形效果；二是如果出现什么问题可以通过效果图直观地显示出来（图 6-9）。

（5）进行连接纱设置

增加梳栉作为连接纱（图 6-10）。

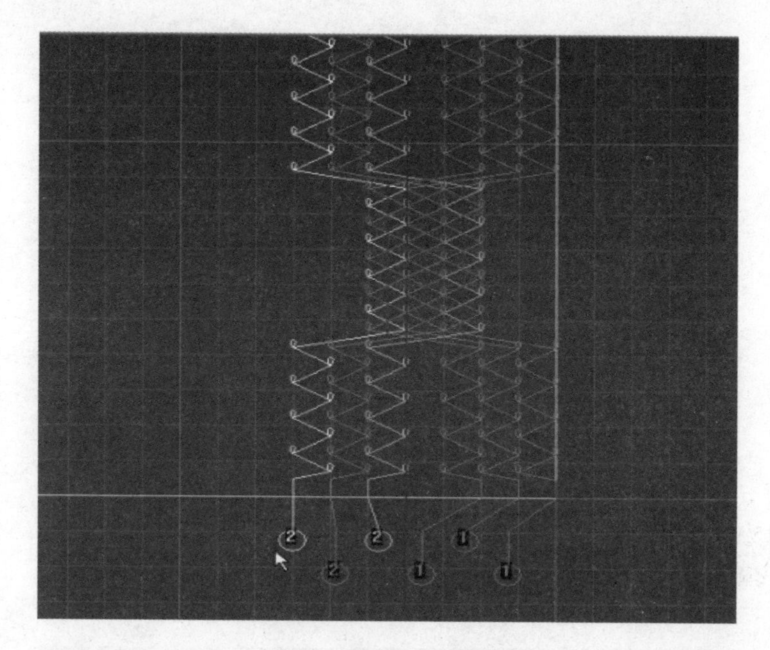

图6-7　编号后的组织图

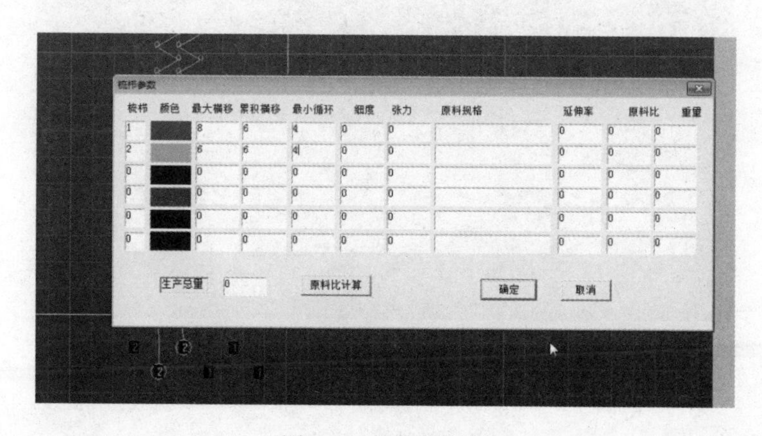

图6-8　设定幅宽图

（6）画出梳栉并移位

根据要求画出各把梳栉，并移动到所需的位置。

（7）设定连接纱层次

设定的层次可以为六或者其他。

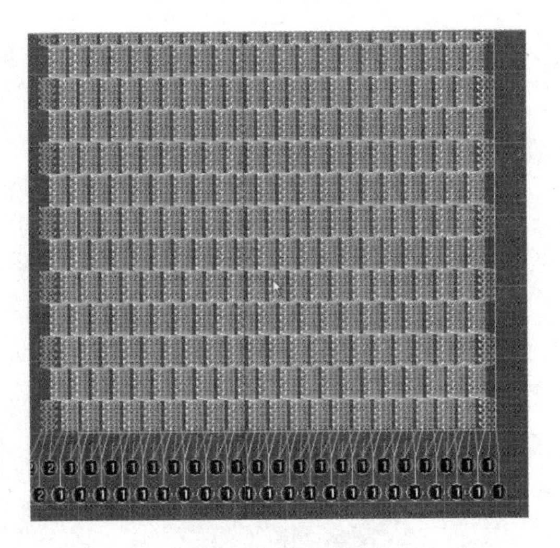

图 6-9　效果图

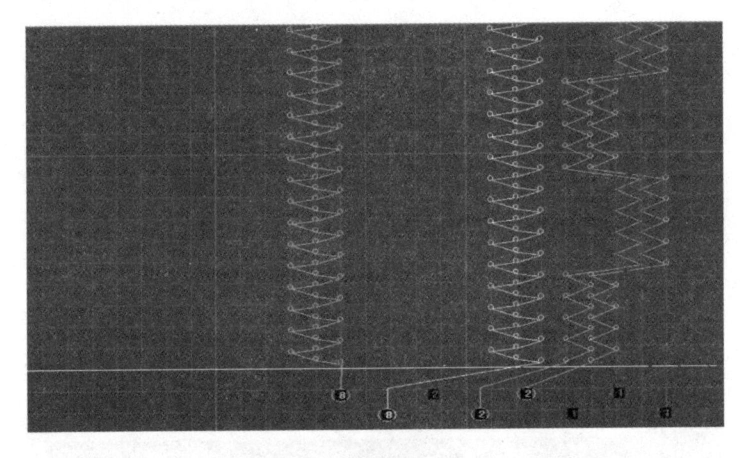

图 6-10　间隔纱连接图

（8）仿真效果

点击仿真，查看仿真效果。通过仿真效果图可以很好地观察织物的效果，仿真图考虑了一些外在的因素，所以有很好的参考价值（图 6-11）。

6.7.7　后整理

经编间隔织物的后整理是很重要的一个工序。以汽车用间隔织物为例，这种产

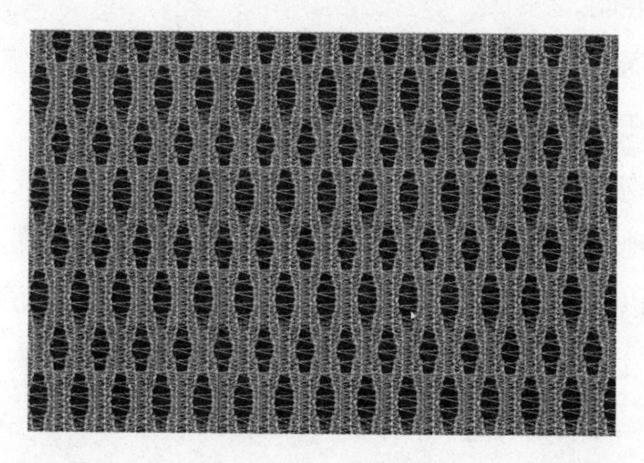

图6-11　仿真图

品的后整理仅限于在拉幅机上适度的汽蒸和定形，温度在150~160℃范围内，接触时间为40~50s，特别需注意的是，定形时以与编织方向相反的方向进入拉幅机，为了保持织物的织率，应尽可能避免织物受到牵拉。通常将聚酯黏合剂涂于整理后的间隔织物上，然后将织物装饰在汽车内。

在间隔织物开发过程的下一个阶段，可以在间隔织物的一个表面用经过染色的纱线编织装饰面，后整理过程保持不变。

为了获得更好的织物手感，可以对装饰面进行拉毛整理。

经编间隔织物同样必须经过染色过程。因此，织物要在175~185℃范围内进行预定形。随后再将织物卷绕在染色经轴上，必须特别注意控制卷绕张力，这样在染色过程中，卷装就不会滑脱下来。卷绕张力不宜太大，以免两层织物间的间隔压紧。

聚酯织物采用分散染料染色，其最低的可染色温度为115~125℃。聚酰胺类间隔织物是在95~104℃范围内用酸性染料或者分散染料染色的，在150℃的拉幅机内确定织物的最终尺寸。

6.8　小结

网眼经编间隔织物一面为网眼组织，所以透气性非常好；间隔纱的存在，使得其具有很好的压缩性能。

用软件设计间隔织物方便且视觉感好，但是也存在一些缺点，如软件不稳定，容易出现错误等，在今后的研发中还待改进。

人们对间隔织物性能和外观等的要求越来越多，这就需要我们在此基础上继续发展和创新，不断地设计出新的品种来满足市场需求。

运用该系统可以直观、快速、准确地对经编网眼织物进行仿真，提高了设计效率，缩短了产品开发周期，从而提高产品在市场中的竞争力。

第 7 章　新型三针技术织物

7.1　概述

经编是针织工业的一个重要组成部分，又因其织物具有独特的性能及生产的高效率，近几年来经编无论在机器高速化、控制电子化、功能多样化、操作便利化、设计计算机化和先行管理网络化等方面都有飞速的发展，经编机已经完全步入现代化阶段。贾卡经编机作为其中的一个分支，它的发展经历了从机械式到电子式，从有绳控制到无绳控制。新一代 Piezo 贾卡提花系统的使用，使得贾卡经编技术更趋完善，贾卡原理得到进一步扩展，其产品更加精致和完美。

7.1.1　研究的意义

随着经编产业的兴起，市场上对经编产品的需求也不断扩大。贾卡经编针织物作为经编花型织物的主要产品之一，它的产品不断进入生活领域，人们对其产品质量以及性能上的要求不断提高。传统的贾卡经编针织物结构较为简单，缺少变化，因而开发新产品，增加花型效应，提升产品的附加值，就变成了亟须解决的问题，而现代的贾卡经编技术使这一研究的实现成为可能。

新型贾卡三针和四针选针技术是在此基础上开发的，它能实现较为复杂多变的贾卡经编组织。熟悉掌握新型贾卡提花技术的基本原理及其垫纱运动规律，不仅有助于理清设计者的设计思路，而且能在已有的组织基础上，更好地将其组织进行组合使用，才能在使用贾卡经编 CAD 软件进行花型设计时，缩短设计周期，提高产品的设计质量，使花型更为精致和丰富，从而使织物的风格更加多变。

7.1.2　贾卡组织结构

贾卡组织结构就是运用贾卡基本提花原理，并结合使用各种不同的贾卡选针技术而进行提花所得。

在现代经编技术中，两针技术是成圈型贾卡经编针织物所特有的一种选针技术，在其他类型的贾卡经编提花中没有应用。两针技术不是用来形成织物的厚、薄、网眼效应，而是利用与地组织的同向或反向垫纱，纱线在织物的表面的显露关系来隐现贾卡花型，形成织物花纹。

三针和四针技术在各类贾卡经编针织物中均有应用，且基本原理相似。随着贾卡经编技术的不断进步，贾卡选针技术也不断地得到开发，从而贾卡的提花能力也不断加强。本文将以压纱型贾卡选针技术为例，通过对比，分析新型贾卡选针技术即新型贾卡三针和四针技术。

7.1.2.1 传统贾卡选针技术

在传统的贾卡工艺中，贾卡梳仅在针背横移时进行偏移，其选针技术包括三针技术和四针技术。

（1）三针技术

贾卡导纱针被分成两条横移线，两个分离的贾卡梳互补成为满机号。织针和针芯配置成满机号，地梳导纱针满穿。由第三个花盘控制两个分离的贾卡梳栉横移。

三针贾卡提花技术基本原理如下：

绿色（H/H，0—2/4—2）：如图 7-1（a）所示，贾卡导纱针在奇数和偶数横列针背横移时都没有偏移，在压纱板的作用下两端以衬纬形式连接到地组织中。在织物表面形成薄花纹效应。

白色（T/H，2—2/4—2）：如图 7-1（b）所示，贾卡导纱针在奇数横列针背横移时发生偏移，作一个像编链的组织在织物表面形成网眼花纹效应。

红色（H/T，0—2/6—2）：如图 7-1（c）所示，贾卡导纱针在偶数横列针背横移时发生偏移，在压纱板的作用下两端以衬纬形式连接到地组织中。在织物工艺反面形成厚花纹效应，并浮在织物表面，具有立体效应。

（2）四针技术

同样，贾卡导纱针被分成两条横移线，两个分离的贾卡梳互补成为满机号。织针和针芯配置成满机号，地梳导纱针满穿，由第二个花盘控制两个分离的贾卡梳栉横移。

白色（T/H）：如图 7-2（a）所示，贾卡导纱针在偶数横列针背横移时发生偏

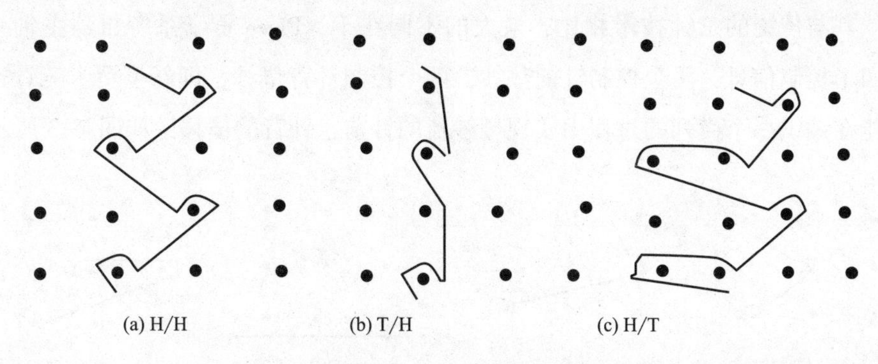

图7-1 三针技术

移，通过压纱板的下压，贾卡纱线形成单针衬纬，在织物表面形成网眼花纹效应。

蓝色（T/T）：如图7-2（b）所示，用于意匠图上红色到白色的右边和用于绿色到白色的右边。

黄色（H/H）：如图7-2（c）所示，用于意匠图上白色到绿色的左边。

红色（H/T）：如图7-2（d）所示，贾卡导纱针在奇数横列针背横移时发生偏移，通过压纱板的作用，在四针范围内形成压纱效应。在织物工艺反面形成具有浮雕效应的厚花纹效应。

绿色（HH—TH）：如图7-2（e）所示，意匠图绿色方格，是由命令“HH—TH”在纵向和横向的行与行之间交替组成，在织物表面形成薄花纹效应。

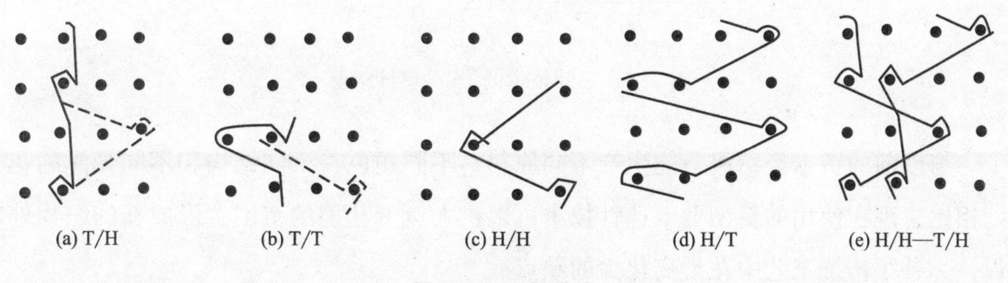

图7-2 四针技术

7.1.2.2 新型贾卡选针技术

在新型的贾卡选针技术中，由于每个控制信息都有偏移和不偏移两种状态，因此从理论上讲，颜色点的总数为16种，所以不论是三针技术还是四针技术，均可形成16种垫纱组织。三针技术即是在贾卡选针系统的控制下，在三针范围内形成垫纱。其与传统的三针技术相比，最大的不同在于，Piezo 贾卡系统机器主轴一转需要四个控制信息，两个控制针前垫纱，两个控制针背垫纱，即新型贾卡三针选针技术能在编织一个横列的过程中实现导纱梳的针前、针背的横移，如图 7-3 所示。

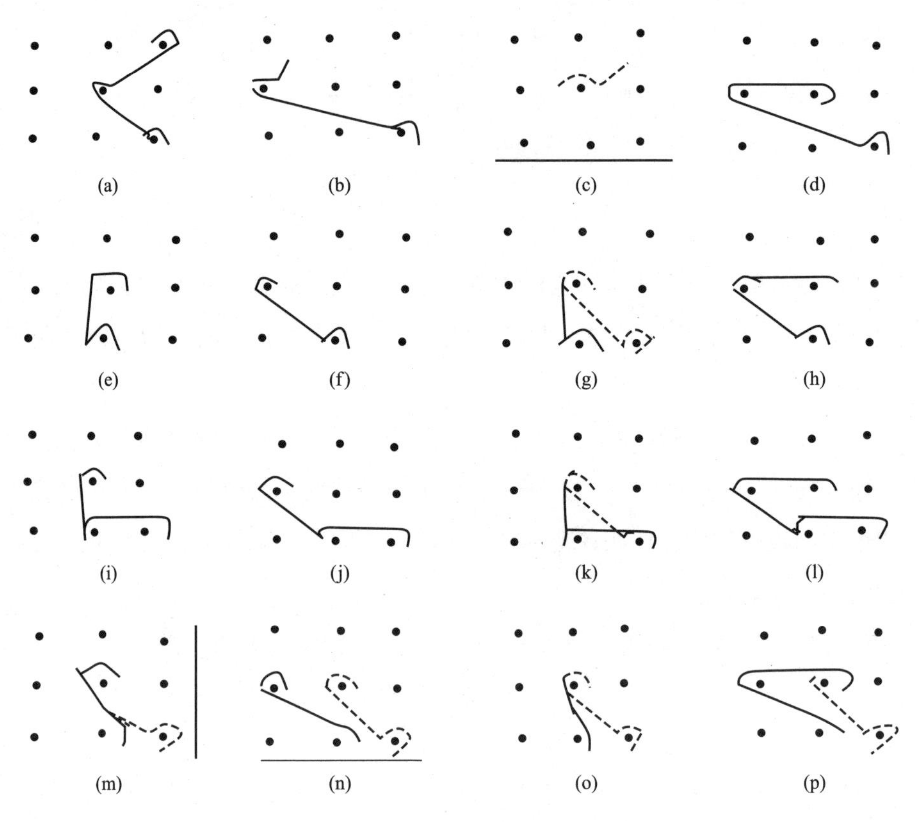

图 7-3　三针技术的 16 种垫纱组合

与以前的贾卡经编机只能生产不同原料、不同颜色、不同结构和不同光泽的花型相比，现在使用的新型贾卡选针技术可以扩大贾卡花型的范围，形成新的织物外观，弥补了传统工艺中花型变化少的缺点。

7.2　贾卡经编针织物 CAD 系统

贾卡经编针织物 CAD 系统能够实现人与计算机的紧密结合，充分发挥各自的长处，也就是将计算机高速而精确的计算能力、大容量存储能力和数据处理能力，与设计者的综合分析能力、逻辑判断能力以及创造性思维能力结合起来，从而加快纺织产品的设计进程，缩短设计周期，提高设计质量。

7.2.1　贾卡三四针经编 CAD 系统

贾卡经编针织物 CAD 系统主要用于贾卡提花织物的设计。它在功能上也以花型设计为主，系统能够将扫描的原始花型图转化为花型意匠图，而且具有丰富的花型编辑功能，可以对设计完成的花型仿真。设计完成后，能生成花型数据，直接控制贾卡产品上机。

贾卡花型一般用意匠图表示，在意匠图中，用不同颜色表示织物不同的贾卡提花效应。

贾卡经编针织物的效应由地组织和贾卡组织迭加而成。提花效应主要由贾卡组织形成，靠贾卡梳得以实现。贾卡梳的垫纱运动由基本垫纱运动加上偏移形成。意匠图中不同颜色代表不同的贾卡偏移组织，即不同的贾卡效应。使用不同机型和不同“贾卡技术”时，要用不同的贾卡偏移组织覆盖。

由于每种贾卡提花效应与其组织有一种对应关系，因此对照这种对应关系就可以将完整的花纹信息（意匠图）转换为其对应的组织。

对贾卡织物进行设计时，首先处理出贾卡原始花型图，然后在贾卡经编针织物 CAD 系统中调入经过处理的该花型图，并把花型图上的各种颜色定义为 CAD 系统所认同的颜色，就可把当前的原始花型转成贾卡原始意匠图，把这三种变化组织填充到原始意匠图的三种颜色区域，即可得到贾卡花型意匠图，如图 7-4 所示。

图 7-4　贾卡花型意匠图

生成贾卡花型意匠图之后，对意匠图上的各种颜色进行定义，即对红色、绿色、白色等颜色指定其基本组织，实际上就是确定每个横列的控制信息。例如，红色控制信息为 HT，绿色控制信息为 HH，白色控制信息为 TH。定义完所有的颜色后，就可以把花型意匠图转化成可以控制机器编织的花型数据。

7.2.2 贾卡三四针经编 CAD 功能

7.2.2.1 系统主界面

系统打开后，其主界面如图 7-5 所示。在此界面上，用户可以进行文件的新建、读取、设计、保存等花型设计有关的操作。当花型设计完后，可以通过界面中的工具显示花型仿真图。

7.2.2.2 花型工艺参数

通过工艺参数界面设置花型的各工艺参数，其界面如图 7-5 和图 7-6 所示。

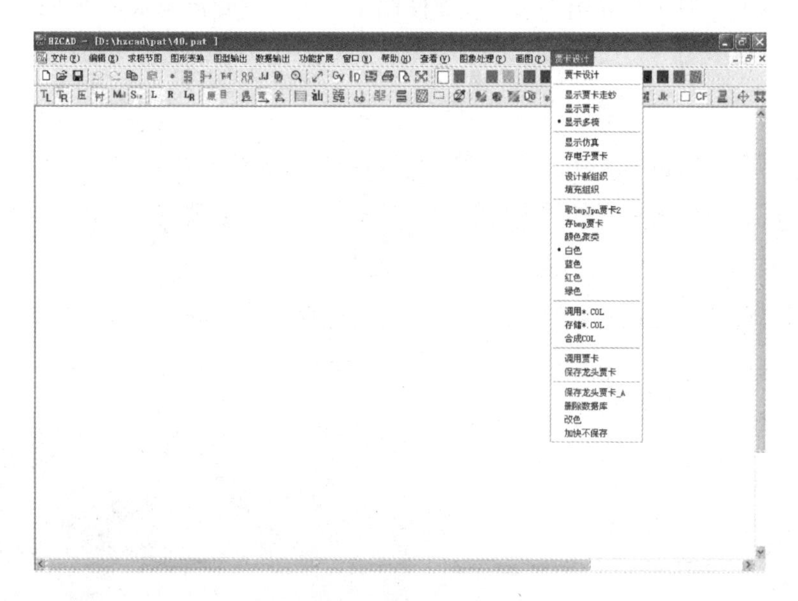

图 7-5 系统主界面

7.2.2.3 贾卡文件的读取

将之前初步设计好的贾卡文件调取，需要注意的是，调取的文件必须是 .jk 类型的文件。然后通过工具栏里的“贾卡设计”功能，显示花型，并显示贾卡花型初稿的走纱情况。花型显示界面如图 7-7 所示。

7.2.2.4 花型的修整

对界面上的花型走纱图的修整可以有三种方法。

工艺参数输入

设计编号 229　机器型号 MRSS 32 SUP

机号 18　最小布边针数 8　机上布幅数 2

转向 0　最大梳节号 35　工作幅宽 0

密度 0　左边布边数 0　最小净布边 6

梳节总数 8　链块增长步长 2　梳节最小距离 2

完全花高 314　□（平均分配）花型宽度 300　□平均分配

成品花高 6.2　成品花宽 15.5　上机密度 21.4

横列数1 2　起始横列 0

放大比例 14.55　地组 2　3 针技术

高度比例 0.187　2竖线地组织　确定

□ 1:1打印

图 7-6　花型工艺界面

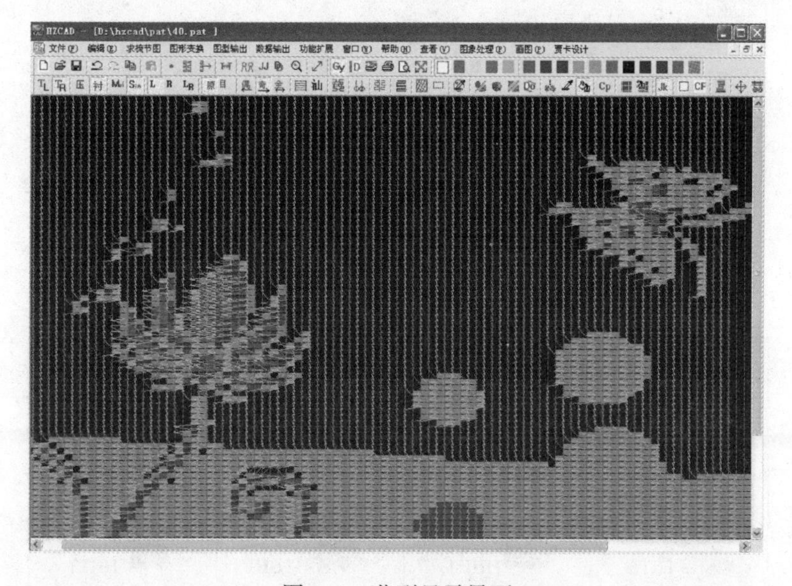

图 7-7　花型显示界面

（1）颜色针法

其界面如图 7-8 所示（彩图见封三），可以利用此功能对所设计的组织进行替换。其上方所示为生成的花型所用的组织，下方所示为 16 种组织结构，用鼠标左键将其拖至所要改变组织的方框内，然后单击确定即可完成花型中某个组织的改变。

（2）颜色替换

工具栏中的颜色替换功能也可以对组织进行更换。在贾卡经编 CAD 系统中，一种颜色代表一种组织。根据花型效果的需要，在工具栏中选取一种颜色，然后点击需要替换的组织。三针技术中颜色所对应的组织，如图 7-8 和图 7-9 所示（彩图见封三）。

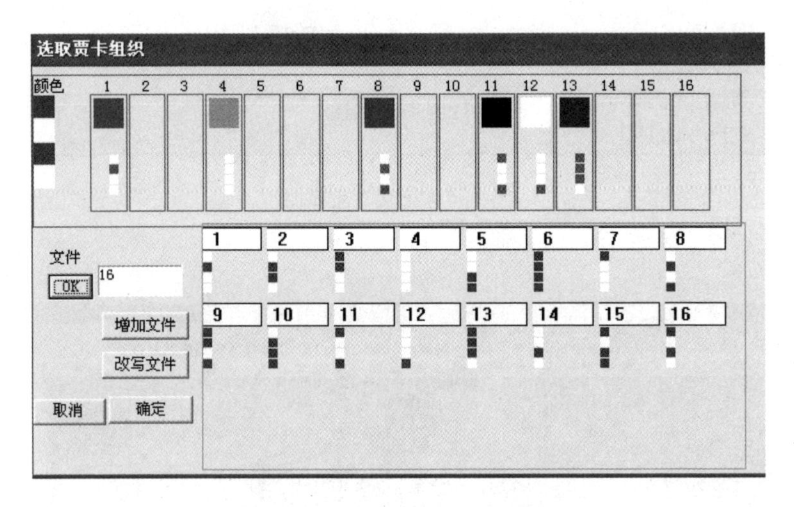

图 7-8 “颜色针法”对话框

THTT	TTTH	THHH	TTTT
THHT	HHHH	TTHH	HTHT
THTH	HHHT	HTHH	HHTT
HHTH	HTTH	HTTT	TTHT

图 7-9 三针技术颜色组织对比图

（3）局部修改

利用工具栏中的颜色图标，对花型组织的局部范围进行修改。

7.2.2.5　贾卡花型的仿真

菜单贾卡设计下的显示仿真子菜单可以显示设计花型的仿真效果，用户可以在设计过程中看到所设计花型的仿真效果，用户也可以根据仿真图改进花型。

在此系统上设计的花型能够保存，能进行打印，也能显示其仿真效果。

7.3　贾卡经编新工艺的设计与探讨

采用贾卡新型工艺，在经编 CAD 系统软件中利用三针和四针技术实现花型的设计，并通过工艺对新兴三针和四针技术进行研究。花型设计时，不论是三针技术还是四针技术，利用它们形成的组织进行工艺设计的过程与方法是一样的。花型效应的实现，关键在于组织的选取与组合。

（1）生成贾卡花型意匠图

通过 CAD 软件将调用的图片进行颜色聚类，将其生成贾卡花型意匠图。然后将其保存成 . jk 型文件，再在下一步将其调用。

（2）调用保存的贾卡文件并显示花型走纱

此时，软件界面上显示的是花型设计的初稿。在初稿中，各部分的组织已由系统自动选择生成，但其仿真效果可能并不理想，因而须对其进行修改。

（3）花型的修改

首先是对底组织进行替换，可以用“颜色针法”功能或“颜色替换”功能来实现。底组织的选取是根据花型设计的需要以及三针和四针技术形成的组织的走纱特点来决定。底组织的选取很重要，它很大程度上影响着花型其他部分组织的选择。因为这涉及组织结构之间的过渡衔接问题。

在设计花型过程中，花型效果的形成需要各种组织的相互衬托即组织之间必会存在联系，如在一种组织上镶嵌另一种组织，再如，同时几种组织并存，这些都是构成花型效应最基本的。因而，花型设计时，在考虑采用哪些组织才能更好地呈现花型的同时，必须考虑各种组织之间的衔接问题，如图 7-10 所示（彩图见封三）。

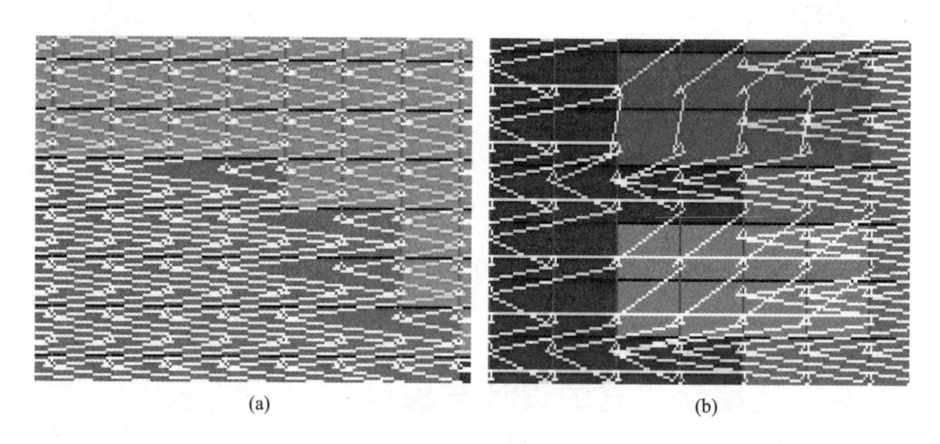

(a) (b)

图 7-10　组织组合效果图

图 7-10（a）中是两个组织的衔接，但其左右出现了两个不同的效果。左边为组织的上下衔接，一般来说均会较为自然，即不会出现网眼等。而右边则为两种组织的左右衔接，很明显，两者之间出现了断层。当花型需要连续效果时，这种组织的组合显然是不合适的，但当花纹效应需要时，它又是一种很好的组织效应。

图 7-10（b）是几种组织的镶嵌，红色区和黄色区均形成较厚的组织，而因组织的覆盖，绿色区和灰色区的左边分别出现了网眼和类似网状效应，右边较左边组织仍较厚。

再如图 7-11 所示（彩图见封三），组织间组合呈浮线效应、网眼效应等，需根据设计的需要进行选择。

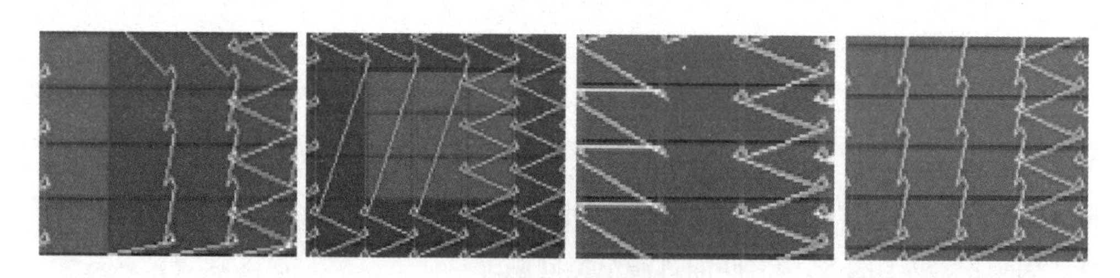

图 7-11　组织组合效果图

花纹效应是由多种组织覆盖于底组织上而形成的，因而，花型设计时，需考虑花型效应及组织之间的衔接问题，对底组织进行选择。

（4）底组织形成后，再对花纹部分进行修饰

花纹部分的设计同底组织的选择一样，也要考虑组织之间的衔接问题，除此之外，还要注意对组织的选择。

由于组织的垫纱情况各不相同，组织结构也就各不相同，从而组织效应各异，图7-12和图7-13分别为三针技术和四针技术组织图（彩图见封三）。

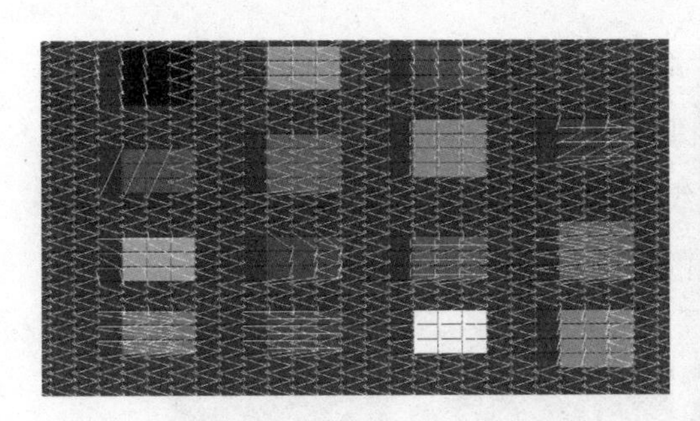

图7-12　三针技术组织图

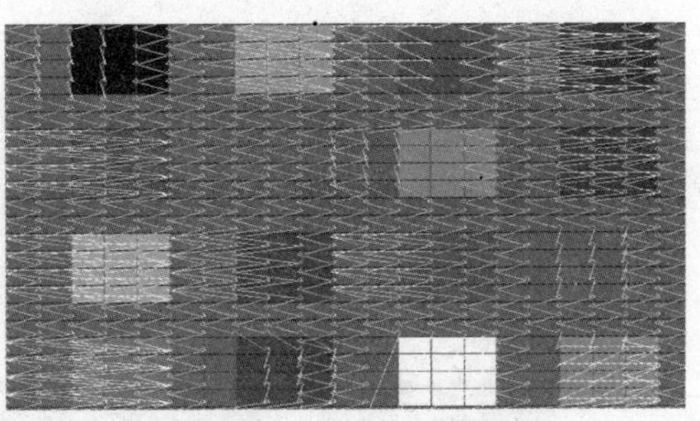

图7-13　四针技术组织图

为方便说明，将图中的组织以颜色进行标号，先从上到下再从左到右，如黑色为1号组织，红色为2号组织。从图中可以看出，这些组织在织物中能形成竖向或呈一定角度的浮线效应、网眼效应、类似网状效应等。无论是在三针技术中还是四针技术中，16种组织在织物中形成的效应绝无相同的。这是由于在新型贾卡工艺中，一个颜色点需要4个控制信息，而每个花纹单元有两个横列，因而，其可构成4×4种组织效应。同理，也可知道，不同组织间的组合可以得到各有特色的效应。例如，在四针工艺中，以4号厚实组织为底组织、以12号浮线组织为点缀的花型工艺与以12号浮线组织为底组织而以4号厚实组织为点缀所得的花型工艺上的视觉效果是完全不一样的。

同时，从图中也可以看出，四针组织和三针组织存在着明显的差异。如四针组织中的厚实组织较多，且变化多样；再如三针组织中有类似编链的组织。

因而在花纹修改时，应根据花型结构，选择合适的组织，以达到理想的效果。

（5）显示仿真效果图

花型设计完成后，可以利用“显示仿真”功能，显示所设计花型的仿真效果图。本文中列举了此次花型设计的三组花型对比仿真图。

①相同底组织的三针和四针组织花型对比仿真图。图 7-14 所示仿真图中，三针组织花型设计时所用的地组织为 13 号组织，而四针组织花型设计时所用的地组织为 6 号组织，即均为两针垫纱组织。

花纹原型为池中的荷叶荷花。由于荷叶的叶片由圆心到外渐薄，因而，设计时以渐变的形式来表现，由此选择的组织效应也连续渐变，花瓣也利用不同效应组织的组合来实现。

如图 7-14 所示，花型仿真图中荷叶部分呈现三个层次。在三针技术花型中，其组织从里到外依次为 15 号组织、4 号组织和 8 号组织，四针技术花型中则分别为 4 号组织、3 号组织和 11 号组织，这些组织均比底组织要厚实。花瓣部分各自均采用与荷叶部分一样的组织，以形成视觉上的层次感。

(a) 三针技术花型仿真图

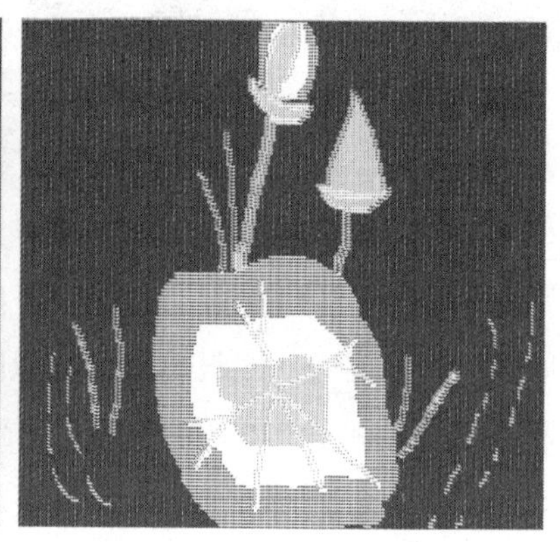

(b) 四针技术花型仿真图

图 7-14　花型仿真图

从两幅图的对比中可以看出，四针技术花型显得更有立体感和层次感，这一点在花和叶两部分表现尤为明显。

②不同底组织的三针技术花型仿真图。图 7-15（a）中花型所用的上部底组织为 14 号组织，下部为 6 号组织，花纹部分为 4 号组织，即底组织较薄，而花纹部分采用较厚的组织用以形成花型效应。图 7-15（b）中上部底组织为 8 号组织，下部为 15 号组织，花纹部分为 2 号组织，它与图 7-15（a）所示花型正好相反，其底组织部分均为较厚的组织，而花纹部分为薄组织。

从两幅图的对比中，很明显可以看出，图 7-15（a）所示花纹要更清晰、

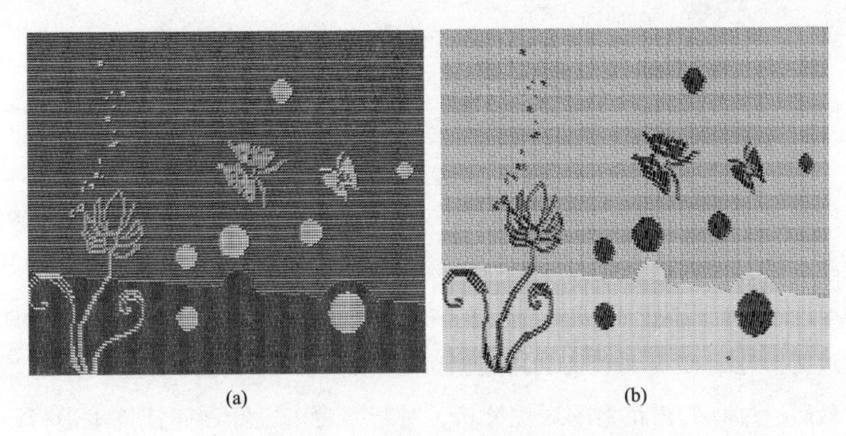
(a)　(b)

图7-15　不同底组织的三针技术花型仿真图

明了。

③不同底组织的四针技术花型仿真图。相同地，图7-16（a）所示花型组织中，其底组织采用薄组织，而花纹部分采用厚组织，图7-16（b）所示花型组织中则刚好相反，（a）图的花纹效应要明显好于（b）图。

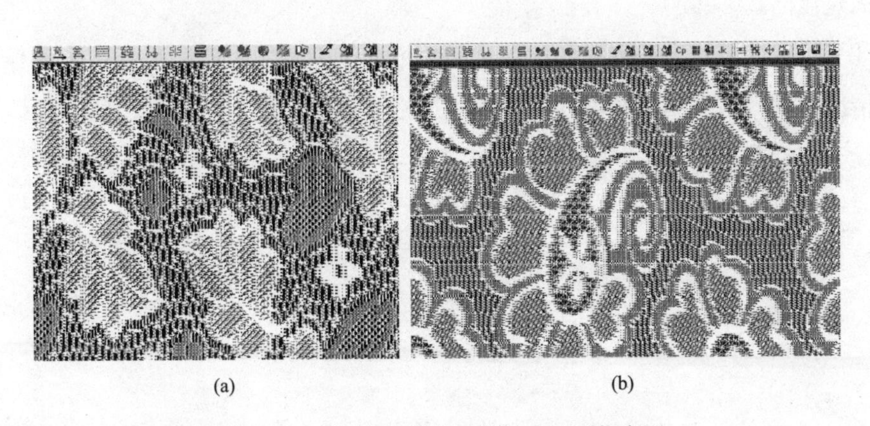
(a)　(b)

图7-16　不同底组织的四针技术花型仿真图

从对比中可以看出，无论是三针技术还是四针技术中，一般来说，在较薄的底组织上覆盖较厚的组织形成花纹效应，这样的花型会显得精巧、清晰。而四针技术组织的花纹比三针技术形成的花型具有立体感，但其成本较高。因而在花纹设计时，应多方面考虑，选取合适的组织设计花型。

7.4 小结

新型贾卡选针技术是一项较新的技术，它的应用丰富了织物的花型，使织物的风格多变。本章以新型贾卡选针技术即新型三针和四针技术为研究对象，对其形成组织的原理及各种组织的垫纱运动图与传统贾卡选针技术进行对比分析。在此基础上，通过贾卡经编CAD系统，利用新型贾卡选针技术形成的组织进行了花型工艺设计。最后通过对工艺花型的对比分析，对新型贾卡三针和四针技术进行研究探讨。具体结论如下。

①Piezo技术的应用使得贾卡导纱针针前、针背均能实现偏移，这使得组织结构复杂多变，从而使织物风格多变。

②由于导纱针的偏移，使其所带的纱线张力发生变化，纱线形成的线圈或浮线也产生偏向，因而，利用新型三针和四针技术形成的组织进行花型设计时需考虑组织间的过渡问题。

③三针和四针技术所形成的组织之间的垫纱范围不同，所以尽管两者的导纱针偏移情况相同，组织结构并不相同，织物风格也有所不同，且四针织物在立体感等方面优于三针织物。

第8章 基于新型三针和四针技术的双色织物

8.1 概述

贾卡经编技术近年来发展迅速，新一代压电贾卡提花系统的使用使得贾卡经编技术日趋完善，产品更加细致完美，同时电子产品的应用（如经编 CAD 系统）有效地缩短了生产周期，也促使经编技术不断发展。新三针和四针技术的研究不仅为织物设计的花型提供了更多的设计方案，同时对于提高生产效率也有重要意义。

本文中所用的经编贾卡织物 CAD 系统是由武汉纺织大学数字化纺织课题组开发。此系统主要用于成圈型织物的设计，采用颜色来区分组织，在功能上以花型设计为主。系统能够将扫描的原始花型图转为花型意匠图，而且具有丰富的花型编辑功能，可以对设计完成的花型仿真。设计完成后能生成花型工艺数据，直接控制贾卡产品上机。经编 CAD 系统自动生成花型数据，如多梳的垫纱数码、穿经图、贾卡意匠信息等；并能在上机前预知，可以直观、快速、准确地进行经编工艺计算，从而使得在上机前，就能预知送经量、平方米克重以及用纱比等。下面简单介绍在设计过程中会用到的相关功能。

(1) 贾卡设计

设计新的贾卡组织，并模拟贾卡走纱情况。

(2) 数据输出

可以自动生成链块统计表，设置或设计花型的相关工艺参数。

(3) 设计新组织

可以自行设计新的组织，保存后，设计过程时可以调用。

(4) 填充组织

可以设计新贾卡组织或调用已有的贾卡组织来实现组织效果。

（5）颜色替换

能用 3 种不同的方式实现组织的替换。

（6）织物仿真

在工艺设计过程中，CAD 系统的仿真功能能够预知织物的外观模拟效果，借此可不断完善工艺。

8.2 贾卡经编针织物 CAD 系统计算机仿真设计

8.2.1 贾卡经编针织物计算机仿真现状和研究意义

随着计算机的应用不断深入纺织行业，无论是设计领域、管理领域、生产领域，CAD/CAM 几乎关乎纺织工业的发展前景和核心竞争力，而产品开发领域更是现代企业的核心竞争力。织物 CAD 系统的应用有效地缩短了生产周期，减少了技术人员的用工，可以更好地开发出更符合市场需求的产品。

经编贾卡织物仿真模型主要是从几何与力学两方面来分析，但是很多公开发表的论文和研究成果表明，经编贾卡织物的几何模型和力学模型性能分析仍然处在初期阶段，而经编贾卡织物组织稀疏，网眼组织较多，变化较大，在织造过程中受力不匀，不同组织相互关联等因素是制约经编织物仿真实现的因素，也是要解决的难点，所以解决这些难题对贾卡经编技术水平的提升具有十分重大的意义。本文使用的是由武汉纺织大学数字化纺织课题组开发的经编贾卡 CAD 系统，仿真效果较好。

8.2.2 线圈的几何结构模型的建立

在理想状态下，线圈的几何结构模型不受外力等因素的影响，便于简化分析原理及模型构建，织物仿真中运用的线圈结构模型由传统的圈弧、圈柱和延展线组成。通过建立轨迹方程，即可实现走纱的状态，如图 8-1 和图 8-2 所示，以四针技术中的 4 号和 12 号组织的结构为例进行说明。

结合线圈结构模型、横向位移规律和纱线材质及受力分析等，采用 VC++进行程序设计，就可对该新三针和四针技术设计的织物进行仿真。

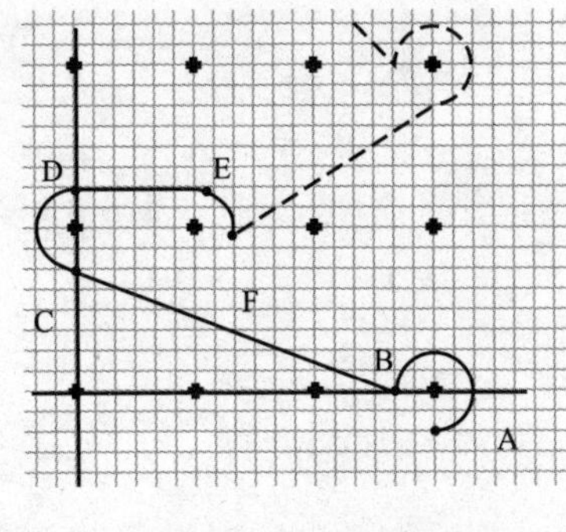

图8-1　4号组织

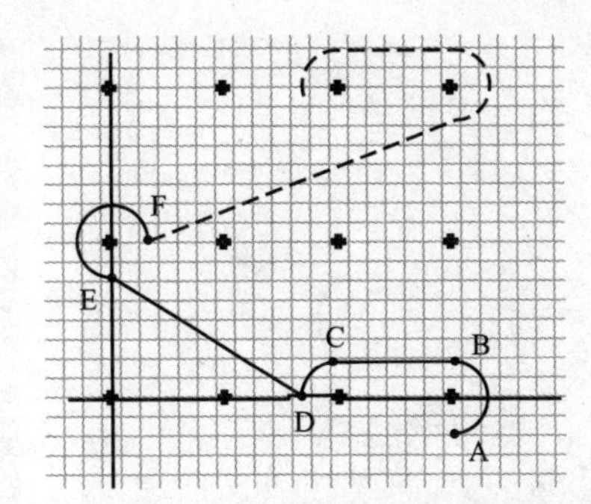

图8-2　12号组织

8.3　新型贾卡经编针织物工艺设计

8.3.1　双色织物工艺设计原理

双色贾卡织物设计原理是通过纱线奇偶配置及贾卡各种针法组织相结合设计出局部单色的双色织物。在工艺参数设置时，把贾卡纱线分为奇数列和偶数列，其中奇数列和偶数列各配置不同颜色的纱线，即两把半机号的贾卡梳分别穿不同色纱线，两种纱线颜色对比应明显。设计时，配合适当的组织使织物局部呈现单一颜色，而整体呈现双色效果，从而使设计简便，风格独特。

8.3.2　双色织物工艺设计方法

8.3.2.1　花型设计

设计出适当的花型，需要有边界，可以用浮雕效果表达的图案以实现凹凸的区别，并且两色即可实现花纹效果。可以选择局部图样画好后四方或是二方连续，然后确定花高和花宽。从而根据机器幅宽确定花纹循环次数，如图8-3和图8-4所示。

8.3.2.2　工艺参数设计

根据绘制的花型纹样确定花高和花宽。图8-3中花高为7.5cm，花宽为6.5cm，图8-4中花高为24.6cm，花宽为15.8cm。

图 8-3　几何大花型

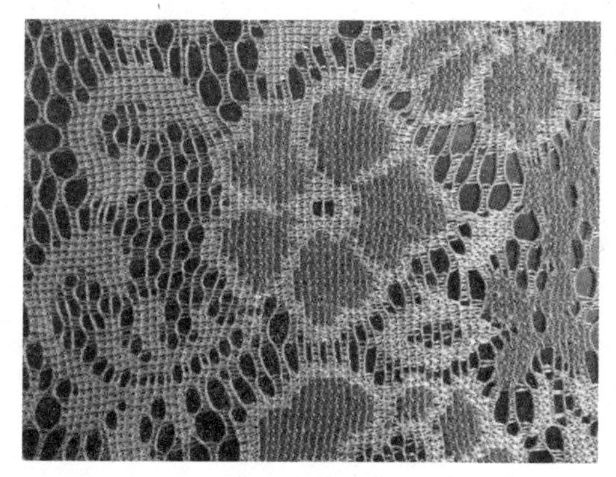

图 8-4　复杂大花型

8.3.2.3　上机工艺

图 8-3 和图 8-4 的花型设计所采用的机型为 MRSS42，机号选择为 24，横密为 9.5 纵行/cm，纵密为 16 横列/cm。花高、花宽的计算式为：花高=纵密×花高，花宽=横密×花宽。

8.3.2.4　贾卡意匠图设计

在设计前输入工艺参数，地网设置为矩形地组织，并设置花层参数、纱线参数，其中 11 层、12 层为贾卡纱线颜色，将 11 层设置为白色，12 层设置为蓝色，点击确定并退出。设定相应的参数，四针对应的有 RT=0，三针对应的 RT=0 或 1 两种状态。设计过程中，注意一定要在相应的状态，然后点贾卡设计即可进行。

贾卡意匠图的绘制有如下三种方法。

第一种是利用扫描功能。点击打开，调出用绘图软件设计的 bmp 格式的图片，在 CAD 系统上进行扫描。利用选择功能圈出单位组织循环，然后依次绘制各个部分的贾卡。绘制好后点击保存即可。

第二种是调出用绘图软件设计的 bmp 格式的图片，点击“贾卡设计”，再点击“颜色聚类”，再点击“取 Bmp 贾卡 2”，后将所得图片保存到文件夹。重新打开 CAD 软件，将上一步保存的贾卡文件调用，点击“贾卡设计”，然后再用能表示组织结构的贾卡色块去替换，可以利用三种方式，设计完成后点击“显示贾卡走纱”→“显示贾卡”，无误后保存。

工艺参数输入

设计编号 Gang　机器型号 MRSS42

机号 24　最小布边针数 8　机上布幅数 1

转向 0　最大梳节号 6　工作幅宽 88

密度 16　左边布边数 0　最小净布边 6

梳节总数 4　链块增长步长 2　梳节最小距离 2

完全花高 394　□（平均分配）花型宽度 150　□平均分配

成品花高 6.2　成品花宽 15.5　上机密度 21.4

横列数1 3　起始横列 0

放大比例 16　地组 2　零位值 170

高度比例 0.211969　2竖线地组织　确定

□1:1打印

第三种是直接输入相关工艺参数，依据图形绘制，不同的组织、不同的颜色要用不同的贾卡色块来表示，如图 8-5 和图 8-6 所示，然后利用填充功能依次替换组织，这种方法比较灵活。

图 8-5　贾卡效果图

图 8-6　贾卡效果图

8.3.2.5　CAD 仿真

点击功能键即可，这种功能可以直观快速地得到花型效果，便于及时修改。

8.3.2.6　保存贾卡文件

在操作时会出现针对不同区域有多种组织可以填充的情况，效果类似，但风格不一，这时可以选择保存为不同的文件名，方便调用。

8.3.2.7 合成col文件

单个花型循环设计完成后，可以利用合成col，选择将花型循环数扩大至适应相应机器的幅宽，也可以用其他不同的花型合成。

8.3.3 双色织物三针技术工艺设计原则

下面以图8-3和图8-4的花型为例，本着简洁方便且效果突出的原则，均用三针技术设计出相应的织物。

8.3.3.1 几何大花型织物三针技术设计原则

通过公式计算，确定花高为120cm，花宽为62cm。意匠图初稿如图8-7所示。

利用填充功能，用能够表示出组织结构的贾卡组织设计意匠图，在替换之后必须检查是否出现非网孔区域形成网孔，边界出现两色混合，如果有，必须根据花型效果做出适当的调节。整理后仿真效果图如图8-8所示，局部放大效果如图8-9所示。

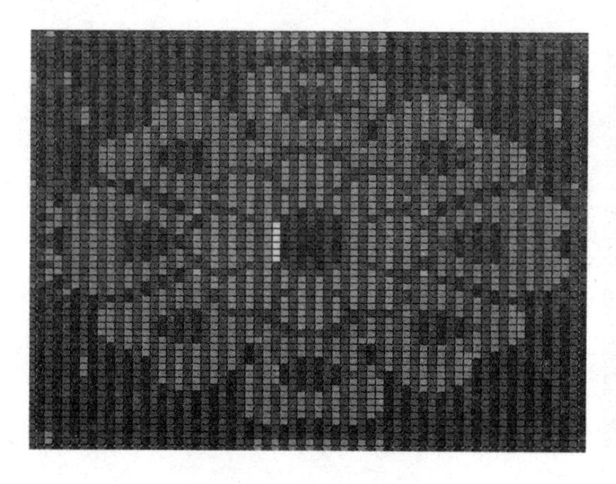

图8-7 贾卡意匠图

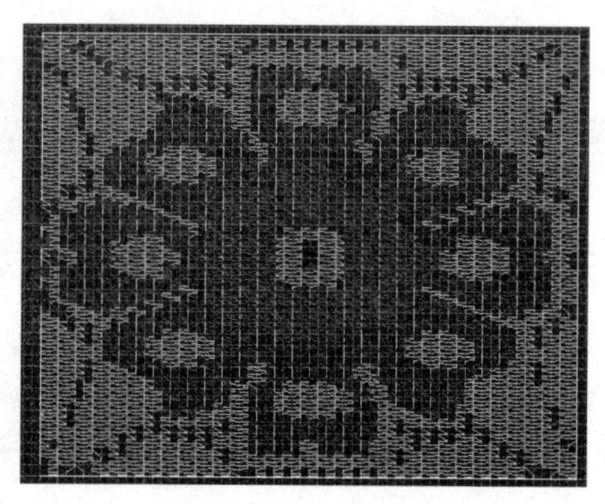

图8-8 几何大花型仿真

8.3.3.2 三针双色织物工艺设计原则

确定基本的花型循环后，根据花型的组织效果进行填充，组织要明显的话，需要有对比，需要界限分明。

要对比明显有两个办法，一是通过颜色区分，二是通过组织的厚薄程度区分。在双色织物中花型轮廓和花瓣厚度一样，采用颜色实现区分，但叶子和地网是同一

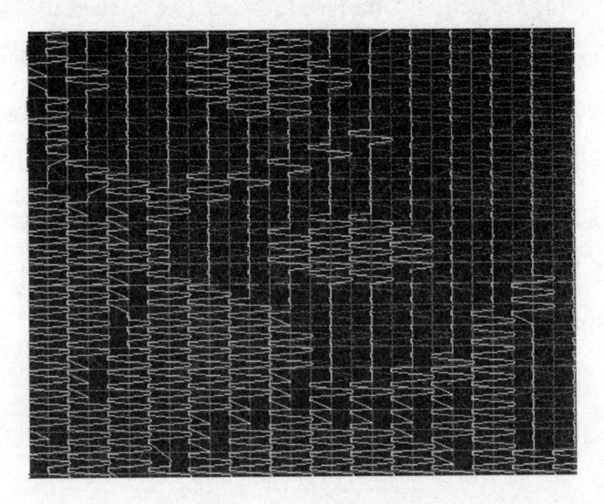

图 8-9　局部效果

种颜色，则通过厚薄程度进行区分，一个是网眼组织，一个是厚组织。

界限问题一般出现在组织变化相邻的地方。此时需要结合花型做相应调节，次厚组织跨越针数太大就换成薄组织。或者是利用 5 号组织会出现偏移，在填充过程中会出现有部分漏针，要根据情况填充相应的组织。

8.4　小结

传统的双色织物大多是通过双贾卡或者多梳来实现，而双贾卡相对于贾卡三针和四针技术的双色织物而言会消耗更多的原料，双色织物相对于传统的多梳双色织物在组织设计上变化更灵活，组织更多样，花型更广泛，同时工艺的简单化使得生产效率极大地提高，再加上新技术的应用增加了附加值，双色织物的产品更能适应市场的需求。

本文以双色织物的网眼组织设计为例，分析了相关组织的风格特点及这类组织的设计原则和规律。从设计图案上讲，三针和四针技术的使用使花型设计局限性减小，图案变化多样，设计灵活方便，能实现较大花型的设计；从工艺设计上讲，三针和四针技术实现了针前、针背的横移，丰富了组织，对于同一种风格的设计有多种方案可供选择，同时三针和四针技术与传统三针设计相比更能有效地节省原料，面料更轻薄。结合相关的CAD设计软件能极大地缩短生产周期，且方便快捷。但是设计时需要考虑连接问题，要注意不同针法的搭配规律，否则设计中易出现漏针，注意设计完后对组织进行检查并做适当修改。对于双色织物中单色的网眼织物的设计有很多种方案，依据需要做出最佳选择，三针和四针技术的应用，使得网眼组织变换多样，基本上四针技术和三针技术可以通过不同的组织设计实现同样的网眼效应，从而为企业的花型设计提供依据。

参考文献

[1] 裘愉发. 纺织新产品的开发（六）：家用纺织品 [J]. 海纺织科技，2006，34（6）：36-38.

[2] 蒋高明. 现代经编技术进展（五）[J]. 上海纺织科技，2005，33（9）：42-48.

[3] 徐东平，李炜，冯勋伟. RSJ 系列贾卡经编织物的开发与设计 [J]. 针织工业，2006，8：30-33.

[4] 陈济刚. 贾卡拉舍尔机及其产品（上）：经编织物生产之九 [J]. 国外纺织技术，1991（15）：6-12.

[5] 丛洪莲. RJPC4F 贾卡经编机新型提花工艺原理探讨 [J]. 上海纺织科技，2006，34（11）：63-66.

[6] 吴国荣. MRSS32 型多梳栉经编机工艺设计的基本原则 [J]. 针织工业，1990（5）：37-39.

[7] 龙海如，陈南樑. 针织学 [M]. 北京：中国纺织出版社，2008.

[8] 沐远，蒋高明. 贾卡经编织物组织结构探讨 [J]. 针织工业，2006（3）：1-3.

[9] 钱浩，蒋高明. 成圈型贾卡经编针织物仿真探讨 [J]. 上海纺织科技，2006（11）：101-104.

[10] 丛洪莲，葛明桥，蒋高明. 贾卡经编针织物的计算机仿真 [J]. 纺织学报，2009（1）：112-116.

[11] 李华，邓中民. 经编线圈数学模型的建立及仿真 [J]. 纺织科技进展，2009（3）：5-7.

[12] 王伟伟，蒋高明，丛洪莲. 四针技术在 RJPC4F 贾卡经编机上的应用 [J]. 针织工业，2008（12）：22-24.

[13] 陈立亭，邓中民. 经编贾卡织物的一种仿真方法 [J]. 武汉纺织大学学报，2007（2）：10-13.